Abdelj.
Ahmed Taoufik
Abdeljalil Benlhachemi

Matériaux Supraconducteurs à Haute Tc, Elaboration et Caractérisation

Abdeljabar Aboulkassim
Ahmed Taoufik
Abdeljalil Benlhachemi

Matériaux Supraconducteurs à Haute Tc, Elaboration et Caractérisation

La supraconductivité fascine les physiciens car elle pourrait révolutionner nos vies

Presses Académiques Francophones

Impressum / Mentions légales

Bibliografische Information der Deutschen Nationalbibliothek: Die Deutsche Nationalbibliothek verzeichnet diese Publikation in der Deutschen Nationalbibliografie; detaillierte bibliografische Daten sind im Internet über http://dnb.d-nb.de abrufbar.

Information bibliographique publiée par la Deutsche Nationalbibliothek: La Deutsche Nationalbibliothek inscrit cette publication à la Deutsche Nationalbibliografie; des données bibliographiques détaillées sont disponibles sur internet à l'adresse http://dnb.d-nb.de.

Coverbild / Photo de couverture: www.ingimage.com

Verlag / Editeur:
Presses Académiques Francophones
ist ein Imprint der / est une marque déposée de
OmniScriptum GmbH & Co. KG
Heinrich-Böcking-Str. 6-8, 66121 Saarbrücken, Deutschland / Allemagne
Email: info@presses-academiques.com

Herstellung: siehe letzte Seite /
Impression: voir la dernière page
ISBN: 978-3-8381-4041-4

Matériaux Supraconducteurs à Haute Température Critique, Elaboration et Caractérisation

Ce livre est Réalisé à la faculté des sciences d'Agadir

et

Préparé par :

Abdeljabar ABOULKASSIM

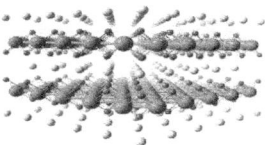

REMERCIEMENTS

Je veux tout d'abord remercier Dieu le tout puissant.

*J'exprime ma profonde reconnaissance à mon encadrant Monsieur le Professeur **Ahmed TAOUFIK**, pour son précieux soutien. Sa grande disponibilité, ces compétences, ont contribués à la réussite de ce travail.*

*Je voudrais aussi exprimer mes remerciements à Monsieur le professeur **Abdeljalil BENLHACHEMI**, qui a bien voulu de me donner des très riches informations.*

*Mes remerciements vont aussi aux membres de jury, Messieurs **A. Nafidi** et **A. Taoufik** et Madame **F. Chibane**, d'avoir accepté d'être parmi les membres de jury.*

Je ne peux pas oublier de remercier tous les enseignants du la Facultés des Sciences d'Agadir et plus particulièrement les enseignants de Département de Physique qui ont assuré notre formation riche tant sur le plan théorique que pratique.

Je remercie également les doctorants du groupe (MSHT), pour leurs conseilles

J'exprime aussi mes remerciements à tous mes collègues et amis de la Faculté des Sciences qui ont Contribués au maintien d'une bonne humeur et leur sympathie.

Enfin, je ne pourrais finir ces remerciements sans penser à ma famille dont l'affection, l'amour, le soutien et l'encouragement constants m'ont été d'un grand réconfort et on contribué à l'aboutissement de ce travail.

Sommaire

Introduction

La découverte des oxydes supraconducteurs à haute température critique a donné l'aval à une intense activité de recherche dans l'espoir de rapprocher ces matériaux des applications technologiques. De nombreux travaux ont été consacrés aux modes de préparation et de mises en forme, ce qui a permis d'isoler de nombreuses familles d'oxydes supraconducteurs dont les températures critiques varient de 36 à 135K.

Toutefois la fragilité chimique (altération à l'air par l'humidité, par le CO_2,…) et mécanique de ces matériaux constituent un obstacle pour une mise en œuvre industrielle. Pour surmonter ces inconvénient plusieurs solutions de mise en forme ont été adoptées : films minces déposés sur divers substrats, rubans supraconducteurs / métal ; matériau composite avec des constituants additifs servant de liant.

Cette dernière solution a donné lieu à de nombreuses élaborations de composites à base d'oxydes supraconducteurs et de matrice sous forme de polymère, de métal ou d'oxyde.

Les composites *supraconducteur/polymère* présentent d'intéressantes propriétés mécaniques et élastiques compatibles avec des mises en formes aisées (fils, rubans…). Cependant leurs propriétés supraconductrices restent liées aux propriétés d'écrantage magnétique et de lévitation ; les percolations des courants supraconducteurs ne sont atteintes que sous certaines conditions de pression et de traitement thermique.

En revanche dans les composites *supraconducteur/métal* ou oxyde, on observe en général de meilleures percolations des courants supraconducteurs, et d'intéressantes tenues mécaniques et élastiques. Dans ce dernier cas les meilleurs résultats ont été observés dans les matériaux à addition de zinc sous forme métallique Zn ou d'oxyde ZnO, à savoir l'augmentation des densités de courants critiques, des cohésions et du comportement élastique des grains supraconducteurs.

Les méthodes d'élaboration traditionnelle de ces matériaux basées sur des cycles de broyage compactage, recuit, n'assurent qu'une relative homogénéité et inter - diffusion des phases après traitement thermique. C'est dans ce cadre que se situent les objectifs de notre recherche.

Ce mémoire comporte cinq parties distinctes :

Introduction

Le premier chapitre présente une étude bibliographique générale sur les matériaux supraconducteurs à haute température critique.

Le deuxième chapitre est consacré à la présentation des oxydes supraconducteurs à haute température critique et quelques matériaux composites.

Le troisième chapitre est consacré à la méthode d'élaboration et la mise en forme des matériaux supraconducteurs.

Le quatrième chapitre regroupe l'ensemble des techniques de caractérisation des matériaux supraconducteurs.

Dans le cinquième chapitre nous discutons des résultats relatifs à l'étude des systèmes Bi-2223/PEBD et Bi-2223/Zn.

En fin une conclusion générale présentant le bilan de cette étude sur des composites supraconducteur/polymères et supraconducteur/métal est donnée.

Chapitre I : Généralités sur les Matériaux Supraconducteurs

I.1. Historique

I.1.a. La découverte

La supraconductivité est découverte dans le mercure en 1911 par Heike Kamerlingh Onnes [1-5] qui fut récompensé par le prix Nobel en 1913. Onnes introduit pour la première fois le mot « supraconductivité » : à 4 K, le mercure entre dans un nouvel état qui, à cause de ses propriétés électroniques particulières, doit être appelé état de supraconductivité. La résistance du mercure s'annule en effet brutalement sous 4 K à une température dite « température critique » (figure I.1a). Par la suite, l'histoire de la supraconductivité sera jalonnée de surprises, d'échecs, et de succès tant expérimentaux que théoriques. Chaque grande étape est en général couronnée par un prix Nobel. Les noms de ceux qui ont contribué à comprendre cette incroyable chute de la résistivité sont innombrables, parmi eux : Meissner, les frères London, Ginzburg, Landau, Bardeen, Cooper, Schrieffer, Bednorz, Müller... Tant de noms prestigieux pour une simple chute de la résistivité. Malheureusement, les premiers matériaux testés présentaient des températures critiques très basses, ce qui rendait les applications difficiles à concevoir pendant plusieurs décennies. La supraconductivité se fit peu à peu oublier du grand public alors que son utilisation restait confinée aux laboratoires et aux technologies de pointe. Cette supraconductivité, qualifiée maintenant de conventionnelle ou classique, avait atteint une température maximale de 23,2K avec Nb3Ge.

I.1.b. La redécouverte

La découverte, par Bednorz et Muller en 1986, de la supraconductivité à $30\,K$ dans un oxyde à base de baryum, lanthane et cuivre $LaBaCuO$ relança l'intérêt de la communauté scientifique pour le phénomène [2, 6]. Cette découverte fut suivie, en 1987, par celle de l'$YBa_2Cu_3O_{7-\delta}$ appelé aussi $YBCO$, qui pouvait rester supraconducteur jusqu'à $90\,K$ et donc être utilisé à la température de l'azote liquide ($77,7\,K$), dix fois moins cher et beaucoup plus facile d'utilisation que l'hélium liquide. Cette découverte a excité la communauté scientifique par les perspectives technologiques qu'offrait une supraconductivité accessible avec de l'azote liquide et a bouleversé le monde scientifique et industriel qui croyait la supraconductivité condamnée à rester un obscur sujet de laboratoire. A peine quelques années plus tard, le record de la température

3

critique fut porté à 133 K. Cette température reste invaincue à ce jour. La figure I.1b montre l'évolution de la Tc depuis la découverte de la supraconductivité.

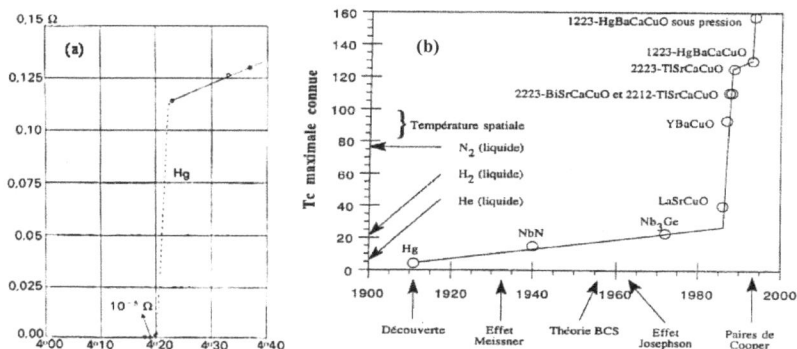

Figure I.1 :   *(a) Chute de la résistance électrique à T =4,15°K ; (b) L'évolution de la température critique depuis la découverte de la supraconductivité au début du siècle dernier[3, 7].*

I.2.   Propriétés fondamentales des supraconducteurs

I.2.a. Résistance électrique nulle

La supraconductivité est caractérisée par l'absence totale de résistivité. Ainsi, dans l'état supraconducteur, le matériau, lorsqu'il est parcouru par un courant électrique, ne présente aucune dissipation d'énergie même lorsqu'un champ magnétique est appliqué. Une boucle supraconductrice fermée sur elle-même pourrait ainsi être parcourue par un courant qui resterait pratiquement constant. Cette propriété fait deviner un ordre bien particulier dans le matériau.

I.2.b. Paramètres critiques

L'état supraconducteur non dissipatif est limité par trois grandeurs physiques, appelés paramètres critiques, au-delà desquelles le matériau passe dans un état fortement dissipatif : la densité de courant critique Jc, la température critique Tc et le champ magnétique critique Hc. Ces trois grandeurs sont fonction les unes des autres et forment ainsi une surface critique délimitant un volume dans l'espace (J, T, H) au-delà duquel le matériau cesse d'être non dissipatif. A l'intérieur de la surface le matériau est supraconducteur, et tout point situé dans le volume est un point de fonctionnement où la supraconduction est possible. Tout point situé à l'extérieur de cette surface représente un comportement normal, ou non supraconducteur, du matériau [4, 8]. La figure I.2 donne une représentation schématique de cette surface.

4

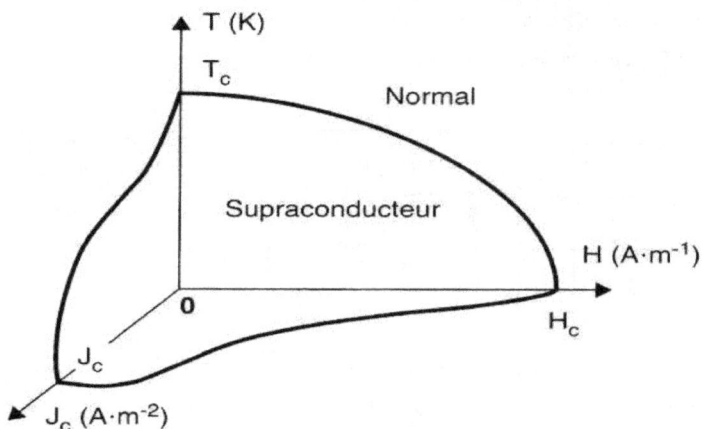

Figure.1.2 *Représentation schématique des délimitations du domaine supraconducteur par la température, le champ magnétique et la densité de courant critique.*

I.2.b.i. Courant critique

Le courant circulant dans un supraconducteur génère un champ magnétique à la surface du conducteur, le courant critique est simplement le courant pour lequel le champ magnétique généré est égal au champ magnétique critique. En conséquence il dépend également de la température.

I.2.b.ii. Température critique Tc

Les supraconducteurs perdent toute résistance à l'écoulement de courant électrique continu une fois refroidis au-dessous d'une température critique, qui est différente pour chaque matériau supraconducteur. En dessous de Tc le matériau est supraconducteur, au-dessus il se comporte de façon normale. Ci-dessous une liste de quelques matériaux supraconducteurs et la température de transition critique en dessous de laquelle le matériau est supraconducteur.

Tableau.I.1. *Matériaux, alliages et composés métalliques et leur température critique.*

Matériel	Ti	Al	Hg	Sn	Pb	Nb	NbTi	Nb3Sn
Tc [K]	0.4	1.14	4.15	3.72	7.9	9.2	9.2	18

I.2.b.iii. Champ magnétique critique

Lorsqu'un supraconducteur est en présence d'un champ magnétique extérieur la supraconductivité disparaît dès que ce champ dépasse une valeur critique. Ce comportement est lié à la pénétration du champ dans ce supraconducteur (Effet Meissner).

I.2.c. Diamagnétisme parfait (ou effet Meissner)

Une parfaite conductivité (résistance nulle) n'est pas l'unique propriété des supraconducteurs. En 1933, Meissner et Ochsenfeld remarquent [9, 3] que les supraconducteurs ont la capacité de pouvoir expulser totalement un champ magnétique extérieur. Ces matériaux sont donc des diamagnétiques parfaits, comme le montre la figure I.3.

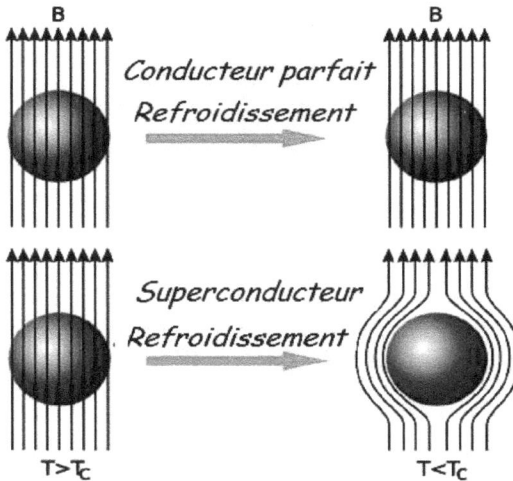

Figure.I.3 *Comportement d'un supraconducteur et d'un conducteur parfait sous champ magnétique en fonction de la température*

I.3. Les types de supraconducteurs

I.3.a. Supraconducteur de type I

L'effet du champ magnétique externe, sur les supraconducteurs de type I est représenté sur la (figure I.4). Pour T<Tc on a deux zones.

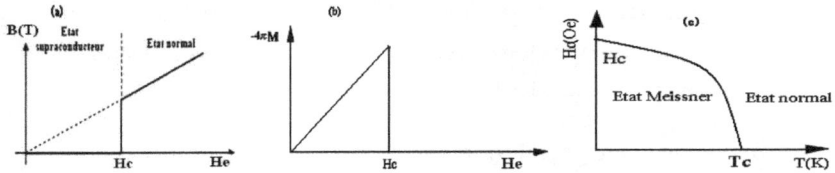

Figure I.4 : *Effet d'un champ magnétique extérieur He, sur un supraconducteur de type I :(a) Induction B(He), (b) Aimantation M(He) et (c) Champ critique Hc(T)*

✓ $0 < H < H_c$ $\vec{B} = \vec{0}$ $\vec{M} = -\frac{1}{4\pi}\vec{H}$ effet Meissner

✓ $H > H_c$ $\vec{B} > \vec{H}$ $\vec{M} = \vec{0}$ état normal

Le champ magnétique appliqué qui détruit la supraconductivité est appelé champ critique. La variation thermique de *Hc* (ou diagramme de phase) (figure I.4c) est une courbe parabolique. Elle sépare la zone de l'état supraconducteur et celle de l'état métallique normal.

Tous les métaux supraconducteurs et leurs alliages sont des supraconducteurs de type I, appelés supraconducteurs conventionnels par opposition aux supraconducteurs à HTC.

Dans les supraconducteurs type I, les valeurs de Hc sont assez faible (*quelques centaines de Gauss*) ce qui limite leurs applications.

I.3.b. Supraconducteur type II

Pour les supraconducteurs de type II, il y a deux champs critiques : le champ critique inférieur Hc1 et le champ critique supérieur Hc2 la figure (I.5) montre l'effet d'un champ magnétique externe sur ce type de supraconducteur :

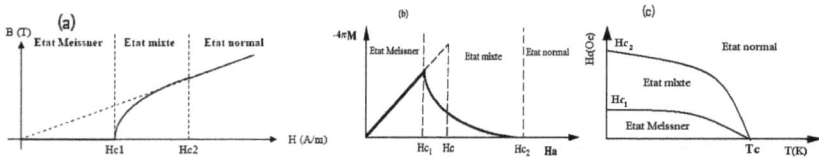

Figure I.5 : *Effet d'un champ magnétique extérieur He, sur un supraconducteur de type II : (a) Induction B(He), (b) Aimantation M(He) et (c) Champ critique Hc(T)*

✓ $H < H_{c1} < H_{c2}$ $B = 0$ $M = -\frac{1}{4\pi}H$ effet Meissner parfait

✓ $H_{c1} < H < H_{c2}$ l'aimantation décroit lentement et s'annule à H_{c2}. Le flux traverse partiellement l'échantillon sous forme de filaments minces appelés vortex. A l'aide de ces vortex la supraconductivité peut persister jusqu'aux champs critique H_{c2} qui sont de l'ordre de 150 Teslas dans les oxydes à HTc. D'où l'intérêt des types II dans la fabrication des bobines supraconductrices.

✓ $H > H_{c2} > H_{c1}$ le champ pénètre complètement l'échantillon qui passe à l'état normal.

Le diagramme de phase (figure I.5c) montre que H_{c1} et H_{c2} décroient avec la température et forment les frontières de trois zones : diamagnétisme parfait, état de vortex, et état normal.

I.4. Longueurs caractéristiques

Deux longueurs caractéristiques déterminent la plupart des propriétés des supraconducteurs, la profondeur de pénétration et la longueur de cohérence.

I.4.a. Profondeur de pénétration

La profondeur de pénétration du flux magnétique, dite aussi longueur de pénétration de London λ_L, [10, 1] définit la longueur sur laquelle l'induction magnétique peut, dans un matériau supraconducteur, pénétrer avant de s'annuler. Sa valeur est comprise entre quelques dizaines d'angströms et quelques centaines de nanomètres.

I.4.b. Longueur de cohérence

La longueur de cohérence ξ, qui représente la dimension spatiale d'une paire supraconductrice, c'est-à-dire la longueur minimale sur laquelle la supraconductivité et donc $\psi(r,t)$, peuvent varier jusqu'à disparaître.

I.5. Les théories phénoménologiques

Plusieurs théories basées sur des arguments phénoménologiques ont été proposées pour expliquer la supraconductivité. L'une des premières était celle élaborée par les frères F. et H. London suivie par celles de Ginzburg-Landau et de Bardeen, Cooper et Schrieffer (théorie BCS).

I.5.a. Théorie de Ginzburg-Landau

Datant de 1950, cette théorie phénoménologique donne une explication plus simple des propriétés magnétiques des supraconducteurs. On y définit une "fonction d'onde macroscopique" $\psi(r)$ dont l'interprétation physique est la suivante : son module au carré représente la densité de porteurs de charges dans l'état supraconducteur (paires de Cooper). Cette fonction ψ, qui joue en fait le rôle de paramètre d'ordre pour l'étude de la transition de phase [11, 3], est déterminée en chaque point de l'espace par la minimisation de la fonction exprimant l'énergie libre du système.

Les conditions pour que l'énergie soit minimum s'expriment sous forme de deux relations entre le paramètre d'ordre et le champ magnétique, qui constituent ce qu'on appelle depuis 1951 les équations de Ginzburg et Landau :

$$\alpha\psi + \beta|\psi|^2\psi + \frac{1}{2m}\left(-i\hbar\nabla - \frac{2eA}{2}\right)^2\psi = 0$$

$$j = \frac{e\hbar}{im}(\psi^*\nabla\psi - \psi\nabla\psi^*) - \frac{4e^2}{mc}\psi^*\psi A$$

Ou :
$$\psi(r) = \frac{(2mC)^{\frac{1}{2}}}{\hbar}\Delta(r)$$

$$\alpha = \frac{\hbar^2 A}{2mC}$$

$$\beta = \left(\frac{\hbar^2}{2m}\right)^2 \frac{B}{C^2}$$

A, B et C sont des constantes intervenant dans l'expression de l'énergie libre. Ces équations donnent une description globale du voisinage de la transition entre l'état supraconducteur et l'état normal. La première équation de Ginzburg-Landau permet d'obtenir le paramètre d'ordre alors que la seconde donne les courants induits par la réponse diamagnétique du supraconducteur. Ainsi les paramètres α et β sont liés à l'énergie de condensation par la relation suivante :

$$\frac{\alpha^2}{2\beta} = \frac{H_c^2}{8\pi}$$

En considérant le cas à une dimension et une fonction ψ réelle sans champ magnétique appliqué ni courants, la première équation de Ginzburg-Landau devient :

$$-\frac{\hbar^2}{2m}\frac{d^2\psi}{dx^2} + \alpha\psi + \beta\psi^3 = 0$$

9

Cette dernière équation permet de définir la longueur de cohérence ξ :

$$\xi^2(T) = \frac{\hbar^2}{2m|\alpha|}$$

En introduisant les effets électromagnétiques, la profondeur de pénétration est obtenue :

$$\lambda(T)^{-2} = \frac{16\pi e^2 \psi_0^2}{mc^2}$$

où ψ_0 représente la valeur du paramètre d'ordre dans l'état supraconducteur :

$$\psi_0 = -\frac{\alpha}{\beta} > 0$$

La dépendance en température T de ces longueurs caractéristiques est donnée par les expressions suivantes [12, 4] où deux limites sont considérées :

- Cas d'un supraconducteur dans la limite propre:

$$\lambda(T) = \frac{1}{\sqrt{2}} \lambda_L(0) \sqrt{\frac{1}{1 - T/Tc}}$$

$$\xi(T) = 0{,}74 \xi_0 \sqrt{\frac{1}{1 - T/Tc}}$$

- Cas d'un supraconducteur dans la limite sale:

$$\lambda(T) = 0{,}615 \lambda_L(0) \sqrt{\frac{\xi}{l} \sqrt{\frac{1}{1 - T/Tc}}}$$

$$\xi(T) = 0{,}85 \sqrt{\xi_0 l} \sqrt{\frac{1}{1 - T/Tc}}$$

Où : $\lambda_L(0)$: est la longueur de pénétration de London à température nulle.

ξ_0 : Longueur de cohérence du supraconducteur pur.

l : Libre parcours moyen des électrons dans l'état normal

$\lambda_L(0)$ Est donnée par : $$\lambda_L(0) = \frac{m}{2e^2 \mu_0 n_s(0)}$$

(m et e Sont respectivement la masse et la charge de l'électron).

μ_0 : La perméabilité du vide.

$n_s(0)$: Densité de paires de Cooper à température nulle.

ξ_0 Est donné par : $$\xi_0 = \frac{\hbar v_F}{\pi \Delta}$$

$\hbar$: Constante de Planck divisée par 2π.

v_F : Vitesse de Fermi.

Δ : Gap d'énergie du supraconducteur.

      Un supraconducteur est considéré comme sale si $l \ll \xi_0$. D'après ces expressions, les deux longueurs caractéristiques (λ, ξ) divergent quand la température s'approche de Tc. Cette divergence relate l'affaiblissement de l'interaction d'appariement face à l'agitation thermique, et conduit à la transition de l'état supraconducteur vers l'état normal (transition S/N). D'autre part, elles permettent d'exprimer les grandeurs critiques qui délimitent le domaine d'existence de l'état supraconducteur sous l'effet d'un champ magnétique extérieur.

      L'existence, pour les supraconducteurs, de deux types de comportement dépend de la valeur du rapport $k = \frac{\lambda(T)}{\xi(T)}$ [13] appelé paramètre de Ginzburg-Landau.

      Abrikosov et Gor'kov ont montré que ce changement de comportement a lieu pour une valeur de $1/\sqrt{2}$ du paramètre k [14, 1, 2, 3, 4] et détermine deux types de supraconducteurs : le type I et le type II.

- Type I $\leftrightarrow$ Energie de surface positive $\leftrightarrow$ $k < 1/\sqrt{2}$
- Type II $\leftrightarrow$ Energie de surface négative $\leftrightarrow$ $k > 1/\sqrt{2}$

I.5.b. Théorie de F. et H. London

      C'est une théorie phénoménologique de la supraconductivité qui a été formulée en 1935 par les frères F. et H. London [15-2]. Ils présentent une explication de l'effet Meissner où ils proposent une décroissance exponentielle du champ magnétique B à l'intérieur du supraconducteur de façon

11

qu'à partir de la surface il s'annule à une distance caractéristique λ_L dite longueur de pénétration de London [16].

Les frères London utilisent un modèle à deux fluides : un fluide constitué par les électrons normaux et un fluide constitué par les électrons supraconducteurs. Le premier fluide disparaît à $0K$ tandis que le second disparaît au dessus de Tc. Les électrons supraconducteurs se déplacent sans frottements. En considérant des petites variations pour les champs et les courants et en appliquant la relation fondamentale de la dynamique on obtient l'équation suivante :

$$\frac{dJ}{dt} = \left(\frac{n_s e^2}{m}\right) E$$

Où : J : Densité de courant,

n_s : Nombre de porteurs supraconducteurs,

m : Masse de l'électron,

E : Champ électrique.

En appliquant l'équation de Maxwell suivante :

$$rotE = -\frac{dB}{dt} = -\mu_0 \frac{dh}{dt}$$

Où : B : induction magnétique macroscopique,

h : Excitation magnétique locale,

La première équation de London est ainsi obtenue :

$$rotJ + \left(\frac{\mu_0 n_s e^2}{m}\right) h = 0$$

En utilisant l'équation de Maxwell suivante :

$$roth = J$$

La deuxième équation de London est obtenue :

$$rotroth + \left(\frac{\mu_0 n_s e^2}{m}\right) h = 0$$

Cette équation peut aussi se mettre sous la forme suivante :

$$-\Delta h + \left(\frac{\mu_0 n_s e^2}{m}\right) h = 0$$

Cette dernière équation permet de montrer que dans le cas unidimensionnel le champ magnétique dans le matériau a une expression de la forme :

$$B(x) = B(0)e^{\frac{-x}{\lambda_L}}$$

Ou : $$\lambda_L = \frac{m}{\mu_0 n_s e^2}$$

x : position à partir de la surface du matériau.

Une équation similaire peut être obtenue pour la densité de courant :

$$J(x) = J(0)e^{\frac{-x}{\lambda_L}}$$

Ces équations indiquent que le champ magnétique continu pénètre le supraconducteur en s'atténuant de façon exponentielle (figure I.6). Il en est de même pour le courant qui reste confiné en surface sur une épaisseur λ_L. Ces équations montrent que l'effet Meissner est la conjugaison des deux phénomènes :

-   la pénétration sur une certaine profondeur du champ magnétique
-   la production de courants de surfaces pour annuler ce même champ magnétique.

Comme ce sont pratiquement ces courants qui, par l'aimantation opposée qu'ils produisent, empêchent le champ magnétique de pénétrer et lui font donc écran, ils sont appelés aussi courants d'écrantage.

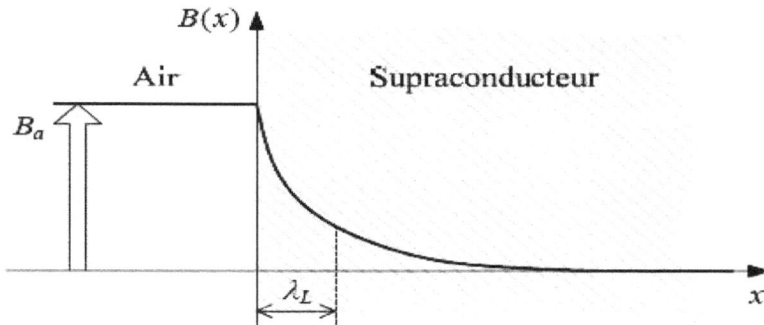

Figure I.6. *Pénétration de l'induction magnétique B dans un supraconducteur d'après la théorie de London.*

I.5.c. Théorie BCS

J. Bandeen s'intéressait à l'interaction entre les électrons et les vibrations d'ion du réseau cristallin. Il avait observé qu'elle peut conduire indirectement à une attraction entre électrons. Le passage d'un électron déforme le réseau cristallin, à cause des forces colombiennes classiques, il repousse alors les charges négatives et attire les charges positives. Le passage d'un deuxième électron dans son sillage est facilité par ce déplacement d'ions. D'où la création de paires d'électrons appelées les paires de cooper (figures I.7 et I.8)

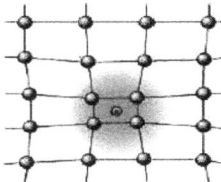

Figure.I.7 *Représentation schématique de la déformation du réseau lors du passage d'un électron.*

14

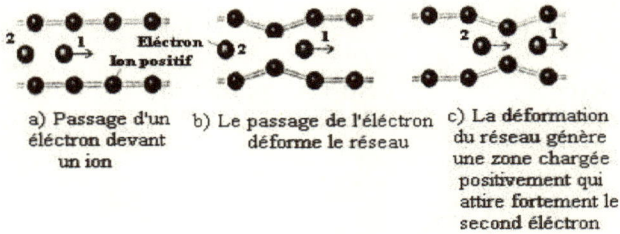

a) Passage d'un
éléctron devant
un ion

b) Le passage de l'éléctron
déforme le réseau

c) La déformation
du réseau génère
une zone chargée
positivement qui
attire fortement le
second éléctron

Figure.I.8 *Mécanisme de formation de la paire de Cooper [17, 3, 4].*

I.5.d. Théorie d'Abrikosov

En 1957, A. Abrikosov, en considérant des supraconducteurs ayant un k très grand, propose une théorie de l'état mixte [19, 1] dans les supraconducteurs de type II. Ce dernier type de supraconducteur diffère du premier type (type I) par l'existence de cet état mixte dont la plus importante caractéristique est que le diamagnétisme n'y est pas parfait. Inspirée du modèle de Ginzburg et Landau, et partant du fait que l'énergie de surface est négative dans cette phase, cette théorie propose que le supraconducteur se subdivise en régions alternativement normales et supraconductrices. Abrikosov propose ainsi sa classification déjà citée plus haut en accord avec celle proposée déjà par Ginzburg et Landau (limites sale et propre).

Abrikosov montre qu'en présence d'un champ magnétique, il est avantageux de créer une structure très divisée ou phases normales et supraconductrices coexistent de façon a limiter l'énergie diamagnétique positive des courants d'écrantage. On qualifie cet état de mixte. Cet état est bien contrôlé par des effets quantiques.

La théorie (comme les expériences) montre que les régions normales ont la forme de tubes parallèles au champ magnétique. Ces tubes sont entoures de tourbillons de courants supraconducteurs, d'ou le nom de vortex. Chacun de ces tubes porte un quanta de flux magnétique d'amplitude ϕ_0.

$$\phi_0 = \frac{h}{2e}.$$

La région normale ou cœur du vortex a pour diamètre 2ξ. Cette valeur correspond aussi au diamètre minimum des boucles de courants supraconducteurs, un diamètre plus petit provoque le dé-pairage des électrons de la boucle et la création de la zone normale.

Les vortex (ou lignes de flux), décrits plus loin, n'étant pas indépendants et se repoussant, forment un réseau triangulaire. Ce réseau porte aussi le nom de réseau d'Abrikosov. Le pas du réseau, confirmé expérimentalement, est:
$$a = \left(\frac{2\phi_0}{\sqrt{3}\,B}\right)^{1/2}$$ [19]

I.5.c.i. Les vortex

L'état mixte repose sur l'existence des vortex qui sont des centres de dissipation d'énergie. Un vortex possède, en général, un cœur de rayon $\xi(T)$ (longueur de cohérence) constitué d'une région non supraconductrice ou normale. Pour permettre au matériau qui entoure le vortex de rester supraconducteur, l'expulsion du champ, ou plus exactement son annulation, est assurée par des supra courants qui tournent (d'où le nom de tourbillon ou vortex donné au tube) autour de la zone normale. Les supra courants sont présents à une distance comprise entre ξ et λ_L du centre du vortex comme le montre la figure I.9.

Chaque vortex porte un quanta de flux $\phi_0 = \frac{h}{2e}$ (h est la constante de Planck, e est la charge de l'électron) [15]. Dans le cas d'un matériau isotrope sans défauts étendus, les vortex s'ordonnent de manière à former un réseau triangulaire. En présence d'un courant, ils sont soumis à une force, la force de Lorentz, qui peut les mettre en mouvement. Le mouvement des vortex induit une dissipation. Il existe cependant des mécanismes susceptibles de bloquer ce mouvement de vortex et équivalents donc à un ancrage [20].

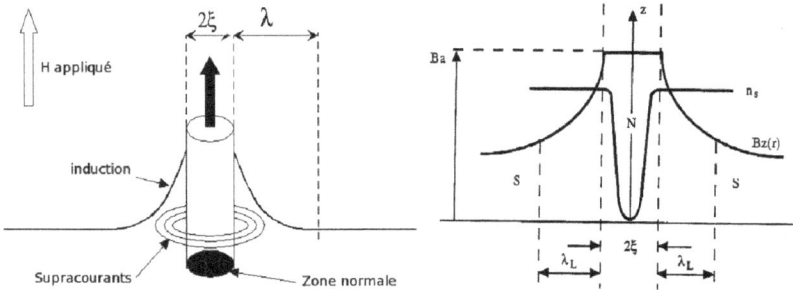

Figure. I.9 *Représentation schématique d'un vortex.*

Au fur et à mesure de l'augmentation du champ extérieur le nombre de quanta de flux entrant dans le matériau croit, de telle manière que pour Hc_2 le volume total est à l'état N. pour un champ statique compris entre Hc_1 et Hc_2, l'interaction entre différents vortex sous l'action des forces de Lorentz répulsives conduit, à l'équilibre, à une organisation régulière des vortex en réseau hexagonal, ou réseau d'Abrikosov. Ce réseau a tendance à se resserrer quand Ha augmente, ce qui accroit l'interpénétration des vortex pour finalement créer un champ uniforme lorsque Ha $\geq$ Hc$_2$

(Figure I.10). $\phi = n\frac{h}{q^*} = n\frac{h}{2e} = n\phi_0$

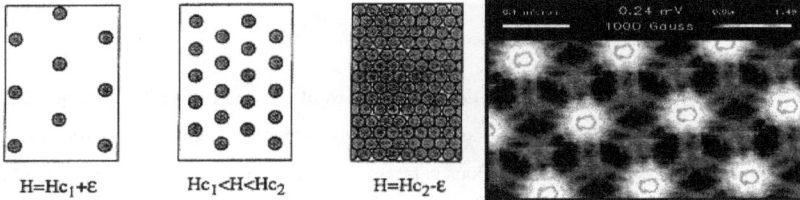

H=Hc$_1$+Є   Hc$_1$<H<Hc$_2$ H=Hc$_2$-Є

Figure I.10 : *Réseau hexagonal d'Abrikosov des vortex pour un supraconducteur classique de type II en fonction du champ appliqué*

I.5.c.ii. Dynamique des vortex

Les propriétés dynamiques des vortex ont fait l'objet de nombreuses études car le mouvement des lignes de flux crée une dissipation d'énergie dans l'échantillon qui induit une valeur non nulle de la résistance électrique. Considérons un supraconducteur plongé dans un champ magnétique ($H > H_{c1}$) et dans lequel circule un courant électrique J_{ext}. Les vortex présents dans un volume unitaire du supraconducteur subissent alors la force de Lorentz :

$$F = \mu_0 J_{ext} \times H$$

Dans le cas où cette force est beaucoup plus petite que les forces de piégeage, les vortex sont immobiles dans l'échantillon. En effet, les inhomogénéités dans le supraconducteur ayant une échelle du même ordre ou plus grande que ξ génèrent des barrières de potentiel qui empêchent le déplacement des vortex et contribuent collectivement à l'ancrage du réseau de vortex. Par conséquent, lorsque la densité de courant imposé dépasse la densité de courant critique Jc, les forces de piégeage ne sont plus suffisantes. Les vortex commencent alors à se déplacer et le matériau est dans un régime de flux de vortex ou "flux flow". Ce déplacement des vortex induit un champ électrique E. Le déplacement des électrons normaux présents dans les cœurs de vortex est alors à l'origine d'une résistivité $\rho = \frac{|E|}{|J_{ext}|}$. Et le supraconducteur n'est donc plus en mesure de conduire un courant électrique sans perte : sa principale propriété est perdue.

Après avoir étudié la supraconductivité dans sa généralité, il serait intéressant de l'étudier dans notre oxyde supraconducteur à base de bismuth $Bi - 2223$ et d'Yttrium $YBCO$.

Chapitre II : Oxydes Supraconducteurs à Haute T_c

Les supraconducteurs à haute température critique (SHTC) sont presque tous des cuprates, c'est-à-dire des composés à base d'oxyde de cuivre CuO. Ils comportent généralement un ou plusieurs plans CuO_2 dans leur structure. Ces plans sont qualifiés de supraconducteurs. Les différents modèles théoriques leur attribuent des propriétés essentielles pour la supraconductivité sans qu'un consensus ait été atteint dans les différentes explications.

II.1. Structure cristalline des cuprates

Les cuprates ont tous dans leur structure des plans cuivre oxygène qui fournissent les porteurs de charge supraconducteurs. Ces plans sont entourés de cations dont la nature varie d'un composé à l'autre tels que $(Y, Ba), (La, Sr), (Bi, Sr)$ [1].

Les cuprates ont une structure cristalline de type pérovskite, où un atome de cuivre est au centre d'un octaèdre CuO_6 aux sommets duquel se trouvent des atomes d'oxygène. Le nombre d'atomes d'oxygène entourant le cuivre peut varier de 4 à 6 suivant le nombre de plans CuO_2 et la position du plan CuO_2 dans la structure. La figure II.1 représente l'environnement pyramidal d'un atome de cuivre lorsqu'il est entouré de 5 oxygènes [2][3].

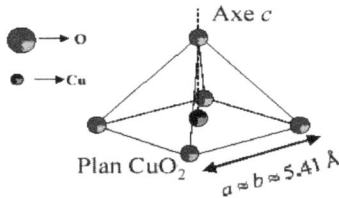

Figure.II.1 *L'atome de cuivre dans son environnement pyramidal.*

Nous présentons la structure et nous discutons la stabilité des systèmes $BiSrCaCuO$ et YBaCuO, à partir desquels nous avons élaboré nos composites.

II.2. Composés à base de BiSrCaCuO

II.2.a. Structure cristalline des composés $Bi_2Sr_2Ca_{n-1}Cu_nO_{2n+4}$

18

Ils représentent une grande famille de formule générale : $Bi_2Sr_2Ca_{n-1}Cu_nO_{2n+4}$ ou n représente le nombre de plans conducteurs CuO dans chaque couche perovskites alternées avec des plans $Bi - O$ (figure II.2).

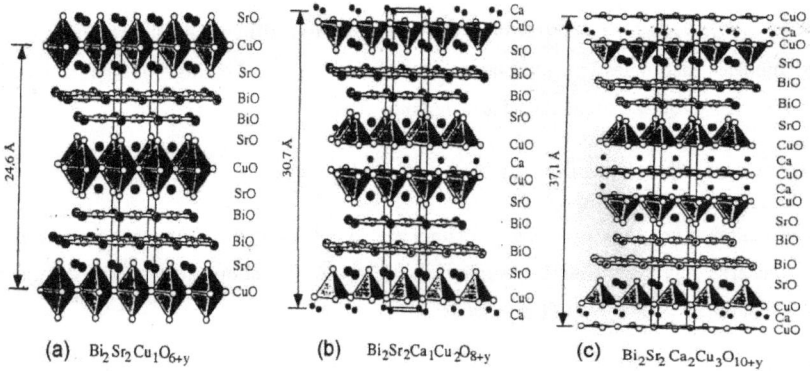

Figure II.2 : *Structure cristalline des phases supraconductrice à base de bismuth ((a)-2201, (b)-2212, et (c)-2223). Alternance des plans CuO et des couches isolantes BiO et SrO*

i-   Pour $n = 1$ le composé obtenu est $Bi_2Sr_2CuO_6$ (2201). La famille cristalline est pseudo-quadratique (figure II.2a), constituée par une couche d'atomes cuivre-oxygène formant un seul plan en coordinence octaédrique. Ceux-ci sont séparés par deux plans bismuth-oxygène superposés et décalés l'un par rapport à l'autre. Entre les couches $Bi - O$ et $Cu - O$ se trouvent des plans strontium-oxygène [6].

ii- $n = 2$ on a $Bi_2Sr_2Ca_1Cu_2O_8$ (2212)

-      Dans ce cas, il apparait en plus deux plans $Cu - Ox$ avec une coordinence pyramidale comme dans le système $YBaCuO$ (figure II.2b). La stabilité de l'édifice cristallin est assurée par un atome de calcium entre deux plans $Cu - Ox$, role joué par l'Yttrium dans $YBaCuO$ [7].

iii- $n = 3$ on a $Bi_2Sr_2Ca_2Cu_3O_{10}$ (2223)

Dans ce matériau les couches de cuivre oxygène sont constituées de trois plans $Cu - Ox$ intercalés par les deux atomes de calcium (figure II.2c). Pour le reste la disposition est identique au cas précédent [8].

Dans cette famille on trouve une corrélation entre le nombre de plans cuivre-oxygène et la variation de la température critique. Les matériaux contiennent respectivement un, deux, trois plans $Cu - Ox$; les températures critiques sont respectivement 10, 85, et 110 K.

Cette corrélation à été également observée dans la famille des composés à base du thallium, (Tableau II.1). une variation de Tc en fonction de n plans de cuivre, a été établie à partir du modèle théorique de Labbé-Bok [9] : $T_c = T_0 \exp\left(\frac{-1}{\sqrt{n\lambda_1}}\right)$

Tableau II.1 : *Variation de la température critique en fonction du nombre de plans de cuivre dans les composés à base du thallium*

Formule	$T_c(°K)$	n	Notations
$Tl_2Ba_2CuO_6$	80	1	$Tl - 2201$
$Tl_2Ba_2CaCu_2O_8$	108	2	$Tl - 2212$
$Tl_2Ba_2Ca_2Cu_3O_{10}$	125	3	$Tl - 2223$
$TlBa_2CuO_5$	50	1	$Tl - 1201$
$TlBa_2CaCu_2O_7$	80	2	$Tl - 1212$
$TlBa_2Ca_2Cu_3O_9$	110	3	$Tl - 1223$
$TlBa_2Ca_3Cu_4O_{11}$	122	4	$Tl - 1234$

La figure (II.3) montre cette variation pour $\lambda_1 = 0,14$ et $T_0 = 600°K$. On retrouve les T_c expérimentales pour $n = 1,2,3$, mais pour $TlBa_2Ca_3Ca_4O_{11}$. Ou $n = 4$, on a $Tc = 122°K$, alors que cette formule prévoit $Tc = 158°K$.

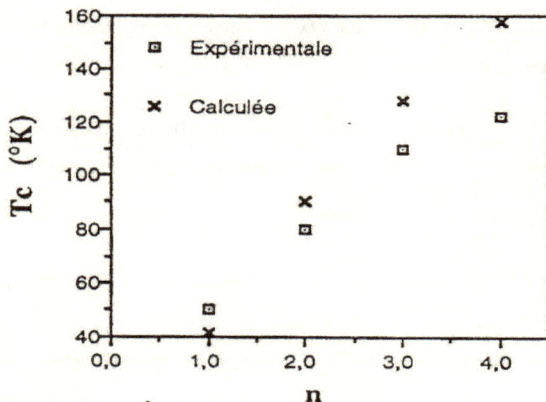

Figure II.3 : *Variation de T_c en fonction du nombre n de plans CuO dans $TlBa_2Ca_{n-1}Cu_nO_x$*

II.2.b. Stabilité des phases $Bi_2Sr_2Ca_{n-1}Cu_nO_{2n+4}$

Deux méthodes essentielles sont couramment utilisées, pour la préparation de ces phases :

- La synthèse par réaction à l'état solide en partant des oxydes et des carbonates, avec plusieurs traitements thermiques et des broyages et pastillages intermédiaires [10], [11] et [12].

- La synthèse par voie douce à partir des nitrates et des oxalates. Elle est en général plus rapide et nécessite des temps de recuits plus courts et des températures plus faibles [13], [14] et [15].

La phase 2223 est très instable, et la composition chimique nominale constitue un point très important pour obtenir une phase pure. Plusieurs tentatives ont été réalisées, en faisant varier les rapports Sr/Ca et Cu/Ca.

Mais la substitution partielle du bismuth par le plomb a été retenue pour la stabilité de la phase 2223. Le rapport Bi/Pb a été optimisé à 4 [16].

La figure (II.4) présente le système quaternaire $Bi_2O_3 - SrO - CaO - CuO$, qui situe la ligne des composés $Bi_2Sr_2Ca_{n-1}Cu_nO_{2n+4}$.

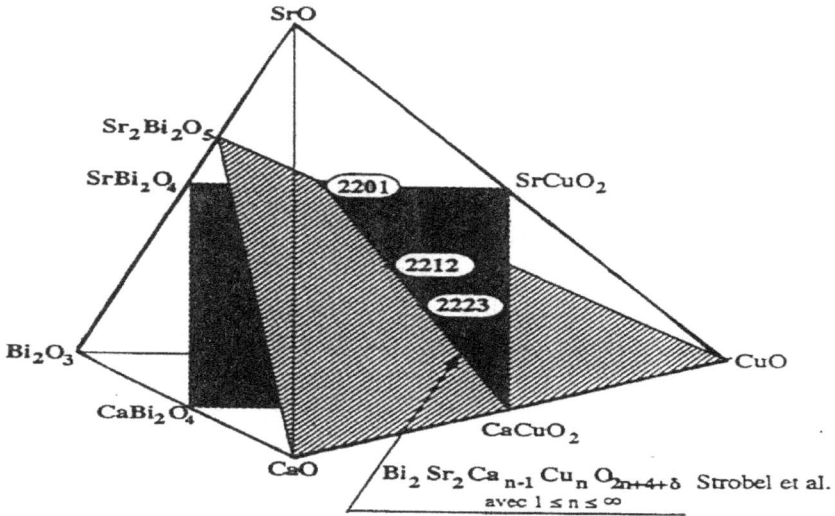

Figure II.4 : *Localisation de la ligne isopléthique $Bi_2Sr_2CuO_6/CaCuO_2$ de composition $Bi_2O_3 - SrO - CaO - CuO$*

La variation de cette ligne en fonction de la température a été établit par strobel et coll [17], en dessous de $800°C$ dans l'air (figure II.5). Il montre que la phase $Bi - 2212$ ($850K$) est facilement détectable car thermodynamiquement stable. En effet elle est présente dans la plupart des composés issus de la synthèse du $Bi - 2223$.

Le domaine de stabilité de la phase $Bi - 2223$ est assez retreint, avec l'apparition des impuretés telles que CuO : $(Ca, Sr)_2CuO_3$ (phase noté 2 :1) et $(Ca, Sr) Cu_2O_3$ (1 :2), dés qu'il existe un écart à la composition idéale. On note également le domaine de température assez réduit (entre 876 et 835 °C) d'où la nécessité de faire des trempes à l'air ou à l'azote liquide.

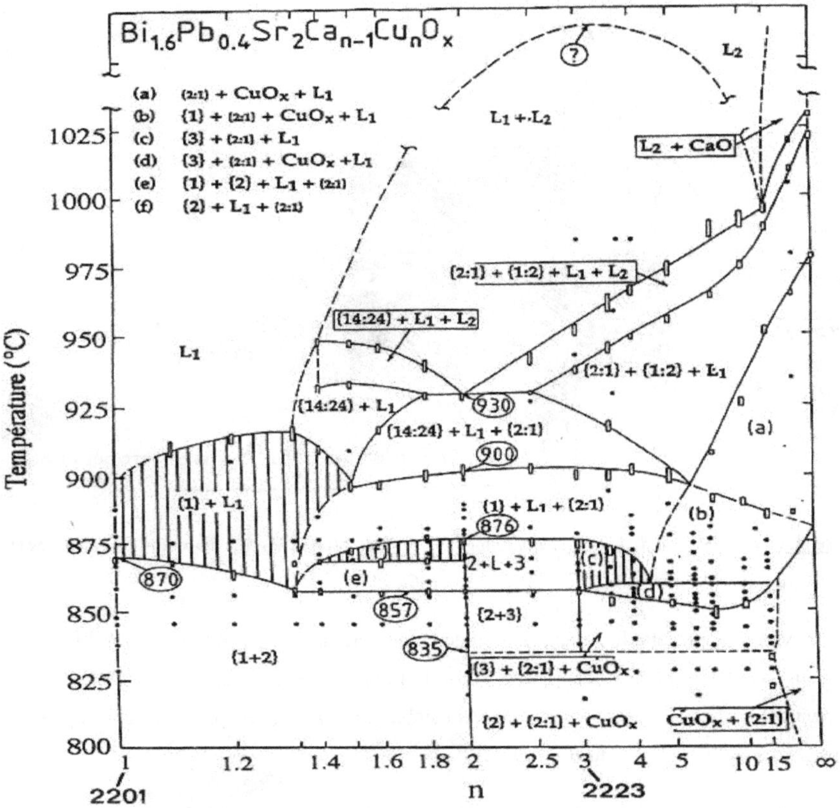

Figure II.5 : *diagramme de phase à haute température du système $Bi_{1.6}Pb_{0.4}Sr_2Ca_{n-1}Cu_nO_x$ en fonction de la température ; {1}, {2}, {3} sont les phases 2201, 2212 et 2223 respectivement ; {1,2} est la solution $(Sr_xCa_{1-x})Cu_2O_3$*

II.3. Composés à base de YBaCuO

II.3.a. Structure cristalline du composé $YBa_2Cu_3O_{7-\delta}$

L'oxyde $YBa_2Cu_3O_{7-\delta}$ est le supraconducteur dont la structure se rapproche le plus de la perovskite. La figure (II.6b) montre qu'elle est formée de trois mailles « pérovskite » l'une centrée sur l'Yttrium et les deux autres sur les Baryum. C'est une structure fortement anisotrope et qui présente des variétés à cause des cinq sites non équivalents d'oxygène, et de son taux δ qui varie de 0 à 1.

23

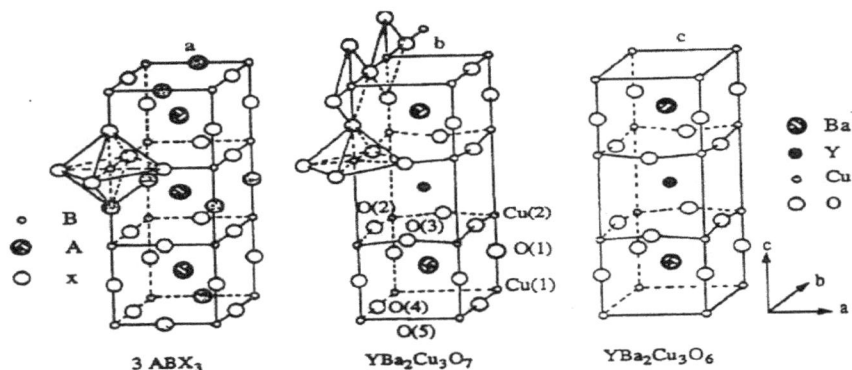

Figure II.6 : *Structure cristalline de (a) 3ABX$_3$, (b) YBa$_2$Cu$_3$O$_7$ et (c) YBa$_2$Cu$_3$O$_6$*

Dans $YBa_2Cu_3O_7$ (figure II.6b), on retrouve une structure proche de la pérovskite avec une maille triple et une séquence type.

$$.... Cu(1) - Ox + Ba - Ox + Cu(2) - Ox + Y + Cu(2) - Ox + Ba - Ox + Cu(1) - Ox ...$$

Il s'agit donc dans notre nomenclature de composés de type $1 - 2 - 3$, $(1Y - 2Ba - 3Cu)$ avec cependant plusieurs « anomalies » :

i-   Il n'y a pas d'oxygène dans le plan Yttrium car l'ion Y^{3+} est trop petit pour avoir une coordinence de type perovskite ce qui fait qu'au lieu d'une formule $A_3B_3C_9$ de triple perovskite on a au maximum une formule $A_3B_3O_8$ $(A = Y, Ba; B = Cu)$.

ii-   De plus dans le plan cuivre oxygène situé entre deux plans baryum-oxygène, seule une des deux positions oxygène est occupée, l'autre se trouve systématiquement vide. On aboutit ainsi à la formule $A_3B_3O_7$.

De même, il est possible de retirer l'oxygène de ce plan et d'arriver à la formule $YBa_2Cu_3O_6$ (figure II.6c). On a ainsi

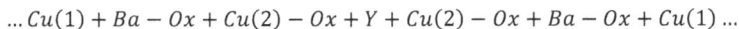

$$... Cu(1) + Ba - Ox + Cu(2) - Ox + Y + Cu(2) - Ox + Ba - Ox + Cu(1) ...$$

On peut également obtenir toutes les compositions intermédiaires de type $Ba_2Cu_3O_{6+x}$ $(0 \leq x \leq 1)$, seuls les matériaux les plus oxygénés présentent de « bonnes » transitions supraconductrices.

La structure de $YBa_2Cu_3O_6$ est quadratique de groupe spatial P4/mmm $(a = 3,8605\ (2)A°\ et\ c = 11,725\ (5)A°)$.

Lorsqu'on ajoute de l'oxygène pour passer à O_7, il se produit une transition quardatique-orthorhombique aux alentours de 6,4, et la structure est alors de groupe spatial Pmmm. Pour $YBa_2Cu_3O_7$ les paramètres de la maille sont :

$$a = 3,8185\ (4)A°,\ b = 3,8856\ (3)A°\ et\ c = 11,6804\ (7)A°.$$

Le matériau désoxygéné $YBa_2Cu_3O_6$ est un semi-conducteur antiferromagnétique. Le cross-over semi-conducteur métal se produit aux alentours de $YBa_2Cu_3O_{6,5}$.

II.3.b. Diagramme de phase de YBa₂Cu₃O₇₋δ

L'optimisation des conditions d'élaboration nécessite l'utilisation d'un diagramme représentant l'intervalle de température correspondant à la formation de la phase désirée. Ce diagramme permet de comprendre le mécanisme de formation et les conditions de stabilisation de cette phase, en montrant la localisation des autres phases possibles.

Le diagramme de phase général du composé $YBa_2Cu_3O_{7-\delta}$ est représenté sur la figure (II.7) en fonction du taux d'oxygène partiel $x = 1 - \delta\ (0 \leq x \leq 1)$.

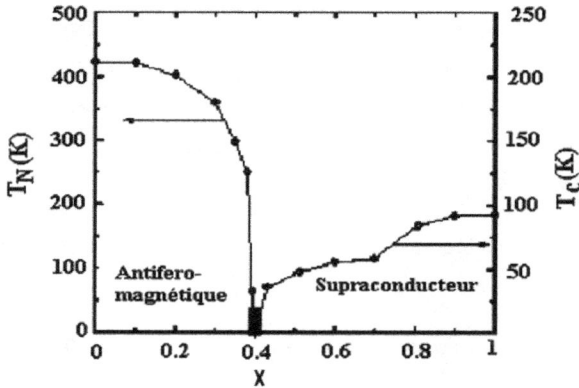

Figure II.7 : *Diagramme de phase de $YBa_2Cu_3O_{6+x}$ en fonction du taux d'oxygène partiel $x = 1 - \delta$*

- Pour $0 \leq x \leq 0,4$: le composé présente une structure quadratique, et c'est un antiferromagnétique et isolant.

- Pour $0,4 \leq x \leq 1$: le composé est orthorhombique et métallique type p, et devient supraconducteur aux basses températures($Tc \leq 94°K$).

Le taux d'oxygène fixe la valence du cuivre, et la formule de charge neutre s'écrit :

$Y^{3+}(Ba^{2+})_2(Cu^{2+})_2(Cu^{+})(O^{2-})_6$: Soit $1Cu^{+}$ de chaine et $2Cu^{2+}$ des plans.

$Y^{3+}(Ba^{2+})_2(Cu^{2+})_2(Cu^{3+})(O^{2-})_7$: Soit $1Cu^{3+}$ de chaine et $2Cu^{2+}$ des plans.

Dans la phase $YBa_2Cu_3O_6$, les ions Cu^{2+} des plans $Cu(2) - Ox$, ont la configuration électronique $[Ar]3d^9$ et sont couplés, d'une manière antiferromagnétique, aux autres ions Cu^{2+} les plus proches. Et par conséquent forment des plans isolants.

Lorsque δ augmente, l'oxygène injecte dans les sites $O(4)$ vides des chaines. Les ions O^{2-} attirent des électrons des plans $Cu(2) - Ox$ qui deviennent métalliques de type p, et supraconducteurs à des températures $Tc \leq 94°K$.

Dans le système$YBaCuO$, il existe d'autres phases à savoir :

- $YBa_2Cu_4O_8$ (124) qui reste toujours une phase orthorhombique, ($a = 3,846$ Å, $b = 3,871\ A°$ et $c = 27,22\ A°$) avec des plans $Cu - Ox$ en plus, situé entre les plans $Cu - Ox$ et $Ba - Ox$ de la phase 123 /O_7.

Ce composé présente une transition supraconductrice vers $80K$ [18].

- $Y_2Ba_4Cu_7O_{15}$ (247) également orthorhombique de groupe d'espace Ammm et de paramètre $a = 3,857\ A°$, $b = 3,869\ A°$, $c = 50,29\ A°$.

Cette phase peut être considérée comme une somme des phases 123 et 124

$(YBa_2Cu_3O_7 + YBa_2Cu_4O_8 = Y_2Ba_4Cu_7O_{15})$. Elle présente un début de transition supraconductrice vers 90 K [19].

II.3.c. Stabilité de la phase 123 du système YBaCuO

Plusieurs technique de synthèse ont été élaborées pour préparer une phase pure et stable, en l'occurrence : les méthodes de réaction solide-solide conventionnelles et des méthodes dites de « chimie douce » qui sont cooprécipitations par des acides organiques (oxalique, citrique, propénoïque,…) des précurseurs (oxydes, nitrates ou carbonates) des éléments Y, Ba et Cu, qui donnent des gels qui seront soumis à des traitements à haute température[20], [21], [22].

Les phases finales obtenues contiennent toujours des impuretés d'oxydes des systèmes $Ba - Y$ ou $Ba - Cu$ ou $Ba - Y - Cu$, autres que la phase 123. Alors il a été judicieux d'établir un diagramme de phase isotherme à la température de synthèse (souvent rapportée être égale à 800°C). Plusieurs travaux ont été réalisés à ce propos, nous retenons celui établit par Roth et coll [23]. (figure II.7).

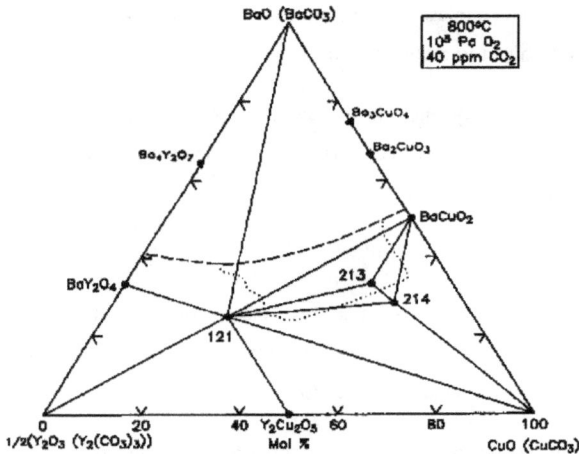

Figure II.7 : *Diagramme de phase du système $Y_2O_3 - CuO - BaO$*

Il montre l'apparition de deux oxydes ternaires supplémentaires :Ba_3YCu_2Ox (312) et BaY_2CuO_5 (appelé phase verte) notée 121. Toutes ces phases sont stables à 950°C. Des oxydes binaires ont été également trouvés par exemple :$BaCuO_{2+x}$, $Ba_4Y_2O_7$, $Ba_2Y_2O_5$, $Y_2Cu_2O_5$, qui apparaissent après décomposition des oxydes ternaires. Un champ primaire de cristallisation de la phase 123 a été délimité.

II.4. Matériaux composites

Un grand intérêt est porté actuellement à l'élaboration des matériaux composites en général (à titre d'exemple : fibre de *verres/polymères*, fibres de *carbone/polymères*…) et à ceux à base d'oxydes supraconducteurs en particulier (*supraconducteur/métal, supraconducteur/ polymères* …).

Les motivations de ces études sont liées à la fois à des aspects de physique fondamentale et à des perspectives d'applications technologiques.

II.4.a. Définition d'un matériau composite

Un matériau composite est un assemblage à l'échelle micro ou macroscopique de deux ou plusieurs constituants non miscibles entre eux, de sorte que certaines propriétés (électrique, magnétique, mécanique, …) de l'ensemble soient améliorées par rapport à celles des composants pris séparément.

II.4.b. Constituants d'un matériau composite

Un matériau composite est constitué généralement des éléments suivants :

i. Les pigments ou renforts qui déterminent la structure interne du composite (fibres, particules, céramique, …)

ii. La matrice (polymère, minérale, métallique) qui donne au composite sa forme, englobe les autres constituants et les protège contre les sollicitations chimiques, mécaniques ou thermiques.

iii. Les interfaces qui représentent des joints communs entre deux matériaux distincts ou deux grains du même matériau.

iv. Les interphases qui sont des phases additives formées lors de la fabrication et qui viennent se placer généralement aux interfaces des constituants de départ. Il faut adjoindre également la présence des espaces inter-granulaires (fissures, cavités, pores) créés lors du compactage et des traitements thermiques.

II.4.c. Nomenclature générale (mélanges R, M)

La nomenclature des composites peut être définie à partir de certaines propriétés macroscopiques et des tailles et distributions des charges considérées (R). L'échelle des tailles s'étend du nanomètre au centimètre [24]. Les matériaux composites à l'échelle du nanomètre sont généralement des mélanges de polymères ou de copolymères, particulièrement dans le cas d'applications mécaniques. Les composites à l'échelle du micron au millimètre sont rencontrés par exemple dans les applications piézo-électriques. A l'échelle du centimètre un exemple concret de composites est le cas du béton armé.

Le composite fabriqué dépend de chaque constituant, mais aussi de la façon dont ces constituants sont dispersés et connectés. Le degré de connexion (ou « connectivité ») est défini comme le nombre de dimensions selon lesquelles une phase est auto liée [25]. La « connectivité » des constituants peut modifier les propriétés physiques du composite de plusieurs ordres de grandeur. L'importance de la connectivité est illustrée sur la figure II.8. Ce composite est composé d'une phase conductrice minoritaire et d'une phase isolante majoritaire.

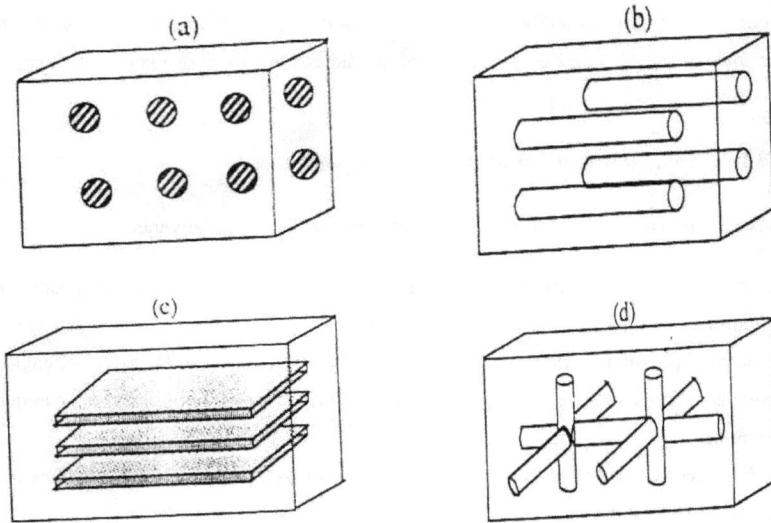

Figure II.8 *Distribution dans un composite d'une phase conductrice minoritaire et d'une phase isolante majoritaire. (a) système isolant : la phase conductrice est présente sous forme de particules isolées (composite 0-3) ; (b) fils de « liant » : composite 1-3 ; (c) plaque de « liant » : composite 2-2 ; (c) système conducteur : la phase conductrice se présente comme un réseau connecté dans les trois directions de l'espace (composite 3-3).*

II.4.d. Degrés de « connectivité » r d'un milieu R-M.

Si l'on considère un cube composite R-M et l'on dispose successivement des électrons sur les faces en regard, trois directions XX', YY', ZZ' de circulation des électrons sont alors définies. Si, au sein d'un renfort R, l'électron ne peut rejoindre une électrode en traversant tout le cube que dans la direction moyenne XX' alors r = 1. S'il peut traverser ce matériau dans les autres directions voyageant au sein de la matrice M. Un composite biphasé est représenté généralement par le couple (r-m) avec r et m entiers variant de 0 à 3 :

i.   Dans le cas particulier du composite (r = 0- m = 3) ou 0-3 ou les grains du renfort sont disposés dans un milieu continu :

- Le renfort (grains isolés) est tel que, en se déplaçant à partir du centre dans les trois directions de l'espace, on rencontre la matrice, on a donc r = 0 degré de liberté.
- Par contre en se déplaçant à partir de la matrice, on peut trouver trois lignes qui traversent le matériau, m = 3 (percolation dans les trois directions).

ii. Si le renfort est sous forme de fil on a donc une seule direction et on parle du composite 1-3.

iii. Si le renfort est sous forme de plaque, on parle d'un composite 2-2.

II.5. Différents types de composites

II.5.a. Composite à base d'oxyde supraconducteur à HTC

Les températures critiques élevées des oxydes céramiques, ont suscité toute une activité de recherche au niveau des applications diverses : stockage d'énergie, capteurs électroniques, écrantage de champs électromagnétiques (Effet Meissner), production de champ fort…

Ces applications sont confrontées à la grande fragilité, l'instabilité et la dégradation des céramiques.

Pour surmonter ces inconvénients, l'introduction d'éléments additifs : comme support structural et matrice protectrice de la phase supraconductrice constitue une approche efficace. Les propriétés électrique, magnétiques qui en résultent dépendent de la qualité du composite élaboré.

Plusieurs métaux ont été expérimentés pour leur bonne ductilité et la non réactivité avec l'oxygène de l'oxyde supraconducteur.

II.5.b. Composite supraconducteur/oxyde

En général les composites *supraconducteur/métal* présentent un caractère semi-conducteur, et l'absence de transition supraconductrice aux basse températures. Effectivement ces matériaux sont souvent élaborés à des températures assez basses pour former des jonctions Josephson ou inter-granulaire.

Le frittage de ces matériaux aux hautes températures provoque l'oxydation in-situ du métal dans le composite, et conduit ainsi à un composite *céramique/oxyde*.

De nombreux travaux sur ce type de composite ont été réalisés (*céramique/oxyde : PbO*, SrO, ZnO, SnO_2, TeO_2, V_2O_5, WO_3, et MoO_3) dans lesquels la transition supraconductrice est conservée et la tenue mécanique néanmoins améliorée.

Les meilleurs résultats ont été obtenus par Soylu et coll, dans l'élaboration du composite $Bi - 2212/MgO$ par un nouveau processus thermique de réaction de formation de texture (CRT), à partir de filaments de MgO à haute température (850°C). Les densités du courant critique observé dans ce matériau (CRT) sont de l'ordre de Jc=4.10^3 A/cm^2 à 77°K (H=0) et Jc=2.10^4 A/cm^2 à 4.5°K sous H=12T.

II.5.c. Composites céramique/polymère

Les composites types *céramique/polymère* réalisés à partir d'un constituant céramique généralement fragile et d'une matrice polymère (liant) généralement élastique, présentent de multiples avantages au niveau des applications. Ils offrent des caractères mécaniques (flexibilité) adaptés à une utilisation sous différentes formes géométriques. Les propriétés finales recherchées (électriques, magnétiques et mécaniques) dépendent de l'état des pigments, de leur répartition, du type de polymère, mais aussi de taille des grains et des interfaces existant au sein du matériau multi-phase.

C'est dans l'industrie aéronautique et en électronique que les matériaux composites à matrice polymère ont joué le rôle le plus spectaculaire en permettant d'associer les meilleures caractéristiques mécaniques et thermiques [26].

II.5.d. Les différents types de composites pigment/polymère

Les matériaux composites peuvent généralement être classés en fonction du type de distribution de pigments dans la matrice polymère. Ces différents types de composites sont représentés schématiquement sur la figure II.9.

D'après Breton L. S., Chevtchenko V. G. et coll. [27] on peut distinguer quatre catégories issues de la classe (0-3) (les dimensions (R, M) (Renfort, Matrice)) des composites :

A- Les systèmes dispersés : les grains sont des sphères distribuées statistiquement dans la matrice polymère.

B- Les systèmes dispersés structurés : les grains se placent préférentiellement autour de grains polymères ; c'est le cas d'un matériau à matrice thermoplastique réalisé à partir de billes frittées.

C- Les systèmes à charges fibreuses : les fibres s'orientent préférentiellement le long des chaines polymères.

D- Les systèmes mixtes : les grains sont de différents types (fibres, sphères, sphères de différentes tailles…)

Les mécanismes de conduction sont différents suivant le type de distribution et le cas le plus défavorable est évidemment le cas des systèmes dispersés ou il faut une concentration en charges beaucoup plus importante que dans les autres cas pour obtenir les mêmes propriétés électriques. Notre étude porte sur des systèmes s'apparentant au type A.

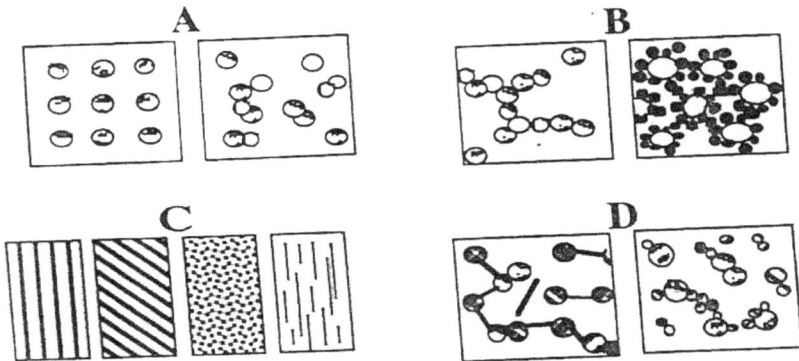

Figure II.9 *les différents types de distribution de charges dans une matrice polymère. (A) système dispersé, (B) système dispersé structuré, (C) système à charge fibreuse, (D) systèmes mixtes*

II.5.e. Composites type céramique supraconductrice/polymère

La découverte des oxydes supraconducteurs à haute T_c a suscité toute une activité de recherches au niveau des applications : mise au point d'écrans magnétiques, dispositifs électromagnétiques, transport d'énergie… Ces applications sont confrontées à la mise en œuvre de rubans, fils ou bandes flexibles. La difficulté est de combattre la grande fragilité, l'instabilité chimique et la dégradation des céramiques.

Une approche efficace pour surmonter ces inconvénients, est l'introduction de matériaux flexibles (par exemple polymère) comme support structural et matrice protectrice de la poudre supraconductrice. Les propriétés électriques, magnétiques et mécaniques qui en résultent dépendent de la qualité du composite élaboré. Au cours de ce travail, nous nous sommes donc intéressés à l'amélioration de ces propriétés en fonction de la concentration en céramique.

Depuis la découverte des supraconducteurs à haute Tc en 1986, plusieurs travaux concernant ce type de composite ont été réalisés [28]. Ces travaux utilisent la technique de poudre encastrée dans la matrice polymère.

Chapitre III : Elaboration et la Mise en Forme des Composants Supraconducteurs

Ce chapitre est consacré à l'élaboration et la mise en forme des composants supraconducteurs BSCCO et YBCO, et du composite soit à base de polymère Bi-2223/PEBD [1] soit à base de métal Bi-2223/Zn [2].

III.1. Produits de départ et techniques de synthèse

La préparation des composites céramiques/polymère et céramique/métal ont été effectuée suivant deux méthodes :

Méthode de la réaction à l'état solide

La réaction à l'état solide utilisée pour la préparation des échantillons est de loin la plus utilisée pour la synthèse des supraconducteurs céramiques. Elle consiste à mélanger des poudres (oxydes ; sel ; nitrate ; carbonate ; hydroxydes …) renfermant des cations constitutifs de la céramique et à les faire réagir par traitement thermique, éventuellement en plusieurs étapes, avec des broyages intermédiaires.

Cette méthode présente l'avantage de la simplicité et permet, moyennant quelques précautions élémentaires, un bon contrôle de la stœchiométrie des cations. Malheureusement, les constituants de départ présentent rarement une granulométrie inférieure à 10 μm et il est donc extrêmement ardu d'obtenir par cette méthode des grains de taille micrométrique. La réaction des grains entre eux et l'homogénéisation de la composition en phase solide nécessitent de ce fait de nombreux cycles de broyage-cuisson à haute température.

La méthode utilise des carbonates ou des oxydes broyés et mixés. Pour mieux maîtriser la réaction, il est impératif d'utiliser le diagramme de phase, ternaire ou quaternaire, correspondant au système utilisé pour préciser l'intervalle de traitement thermique.

La réaction à l'état solide est, certes, caractérisée par sa rapidité et les échantillons peuvent être préparés en quelques heures (ou jours). Mais l'inconvénient majeur de cette approche est la présence de certaines phases additionnelles indésirables et parasites, qu'on ne peut facilement éliminer, telle la phase $Y_2Ba_1Cu_3O_7$ dite « verte » par exemple dans le cas de *l'YBCO* [3]. Toutes les phases obtenues sont en revanche représentées sur le diagramme d'équilibre correspondant au système $YBCO$ (voir Figure. II.7) en ce qui concerne le diagramme ternaire $Y_2O_3 - BaO - CuO$).

Méthode de la réaction à l'état douce

Dans ce cas tous les composés sont introduits sous forme de nitrates, qui par action de l'acide oxalique en milieu alcalin ou des carbonates de potassium conduisent à la coprécipitation des oxalates ou carbonates correspondants. La pyrolyse des poudres séchées conduit aux composites recherchées.

Remarque : on s'intéresse dans ce travail à l'élaboration des composites par la méthode de la réaction à l'état solide.

III.1.a. Mélange et broyage

Il s'agit de l'une des étapes essentielles du cycle de fabrication de la céramique. Elle a pour effet de broyer les matières premières ou chamottes, et surtout de mélanger les divers constituants : matériaux de bases, liants organiques, ajouts divers. C'est également au cours de cette opération que sont dispersés les agglomérats de grains [4].

Le mélange stœchiométrique est broyé dans un mortier en agate jusqu'à ce qu'il devient homogène.

III.1.b. Calcination des poudres

Cette opération a pour but de transformer un mélange de poudres en un matériau dont on veut maîtriser la nature cristalline et la réactivité. Ce matériau devient ensuite l'élément constitutif principal ou unique de la céramique. La calcination consiste à faire subir aux matériaux pulvérulents un cycle thermique, et a comme rôle principal d'éliminer les carbones du mélange. Les températures auxquelles se produisent les réactions sont le plus souvent des températures où le frittage de la céramique est effectif. L'intervalle de température de la calcination est compris entre $700°C$ et $950°C$ avec des temps relativement longs. Les échantillons, sous forme de poudre afin de faciliter le dégagement de CO_2, sont placés dans des creusets en alumine.

III.1.c. Mise en forme

Les poudres calcinées sont re-broyées puis pressées sous forme de pastilles cylindriques ($D = 13\ mm$ environ et masse variant de $0,5$ à $2,5\ g$) sous différentes pressions ($3 - 5\ tonnes/$

cm^2). La poudre est pressée à froid afin d'obtenir un échantillon ayant une cohésion suffisante pour le manipuler et le transporter jusqu'au four. C'est au cours de cette opération que l'on obtient la phase dite « verte ». Pour avoir des propriétés mécaniques et électriques élevées, on recherche dès cette opération une forte densité volumique, autrement dit une porosité résiduelle assez faible [5].

Avant le frittage qui permettra d'obtenir par chauffage une céramique massive, les particules de poudre enrobées ou non d'un liant, sont comprimées dans une matrice qui préfigure déjà la forme définitive de la pièce frittée et le produit issu de la compression est souvent appelé "comprimé". La compression permet donc de mettre en contact les particules de poudres, de diminuer la porosité et de donner une tenue mécanique au produit avant frittage. Comme les échantillons qui ont formés sont des pastilles, c'est ce dernier terme qui aura utiliser.

L'étape de compression peut conditionner par la suite les caractéristiques du produit fini. Son étude nécessite ainsi la connaissance de la comprimabilité (aptitude au compactage) de la poudre, la répartition de la porosité et l'alignement des particules sous l'effet de la pénétration et du retrait de l'outil de compression, et des frottements sur les parois de la matrice.

Les poudres broyées sont enfin compactées à l'aide d'une presse hydrostatique pour obtenir des pastilles cylindriques. La mise en forme de pastille est parfois utilisée avant la calcination.

III.1.d. Frittage

En ce qui concerne le frittage des pastilles, il a été effectué dans des creusets en alumine à des températures de 950 °C, pour des périodes de 24 à 48 h. Un re-broyage intermédiaire après chaque traitement thermique de frittage est avantageux.

L'opération de frittage consiste à chauffer la pastille au trois quarts de sa température de fusion ou de décomposition. L'objectif de cette opération est de favoriser et d'améliorer les contacts entre grains par déplacement des atomes. Ceci se traduit par une consolidation et souvent une réduction du volume de l'échantillon [8].

III.2. Elaboration de BSCCO et YBCO

III.2.a. Synthèse du supraconducteur à base de bismuth Bi-2223

III.2.a.i. diagramme de phases

A l'aide du diagramme de phases particulier représenté sur la figure II.5 [9], on remarque l'existence du composé défini 2223 le longue de la ligne à $n = 3$ entre 835 *et* $876°C$. Pour $n = 4$, entre 835 *et* 870°C, le système est d'abord solide et multi-phase, puis une phase liquide L1 apparait à partir d'environ 855°.

Après refroidissement la phase prédominante est la phase -2223 (*notée* {3}), avec des résidus comme CuO et $(Sr, Ca)2CuO_3$ (*notée* {2: 1}). Aucune phase de type 2212 n'est présente dans cette partie du diagramme de phase. La présence de ces phases est conditionnée par l'homogénéité locale des constituants; d'où l'importance du choix des précurseurs et des cycles broyages-recuits.

Remarque : Le diagramme de phases (figure II.5) à haute température illustre les différentes phases pouvant se produire au cours du traitement thermique. D'après ce diagramme, pour obtenir la phase 2223 ($n = 3$), nous devons travailler entre 857 et 876 °C. A gauche de cette zone le 2223 est en équilibre avec le 2212 ; c'est pourquoi on trouve parfois cette phase comme impureté.

III.2.a.ii. Mode opératoire

Tableau : III.1. *les masses et masses molaires des oxydes et carbonates des produits de base*

Produit	Masse molaire (g / mol)	Masse à peser en g
Bi_2O_3	465,96	6,7800 ± 0,0002
PbO	223,19	1,6238 ± 0,0002
$SrCO_3$	147,63	5,3703 ± 0,0002
$CaCO_3$	100,09	3,6409 ± 0,0002
CuO	79,54	5,7868 ± 0,0002

La phase $Bi - 2223$ est synthétisée par réaction à l'état solide [10]. Les oxydes et les carbonates des produits de base sont mélangés selon les proportions désirées.

Dans l'organigramme suivant sont résumées toutes les étapes de synthèse de la phase supraconductrice $Bi - 2223$ à partir des oxydes de base.

Figure III.1 : *Organigramme de synthèse de la phase Bi − 2223 [1]*

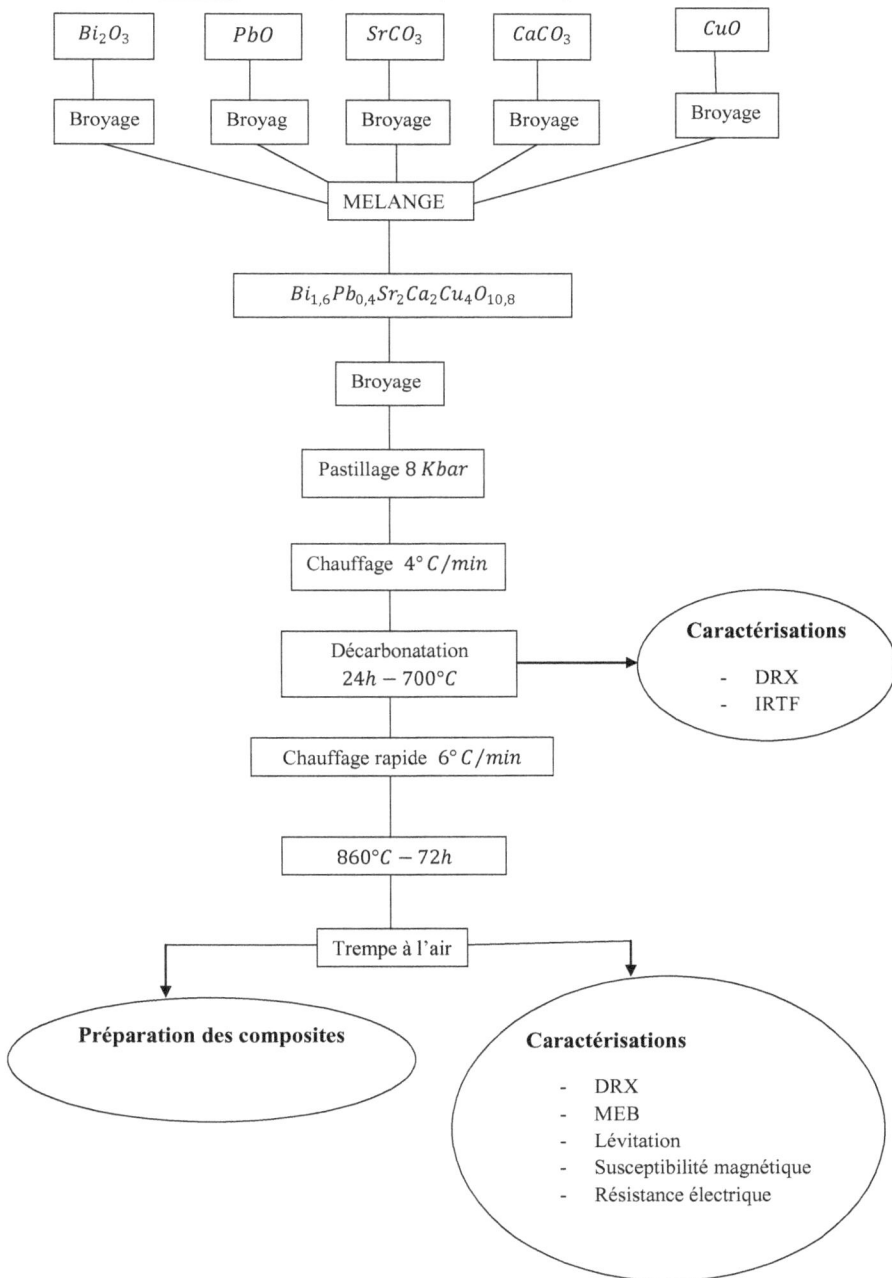

Les oxydes de bismuth, de cuivre et de plomb et les carbonates de calcium et de strontium sont mélangés selon les proportions :

$$\frac{2-x}{2} Bi_2O_3(99,9\%),\ xPbO(99,9\%),\ 2SrCO_3(98\%),\ 2CaCO_3(99\%),\ 4CuO(99\%)$$

Il s'agit de produits commerciaux (Aldrich) dont les puretés sont indiquées entre parenthèses.

La composition nominale serait :

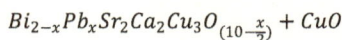

$$Bi_{2-x}Pb_xSr_2Ca_2Cu_3O_{(10-\frac{x}{2})} + CuO$$

Différentes méthodes de synthèse, à l'air ou sous oxygène et à des conditions très particulières de traitements thermiques et de pastillages sous hautes pressions, ont été essayées [1]. Divers taux de substitution par le plomb ont été testés avec x variant de 0,2 à 0,6. La masse molaire totale pour cette composition est : $M_t = 1103,56 - 9,79x$

Le mélange d'oxydes et de carbonates est broyé très finement dans un mortier en Agathe. La poudre est ensuite compactée sous une pression d'environ $8 - 10Kbar$ pendant $15\ min$. Les pastilles obtenues sont de $13\ mm$ de diamètre et $1\ à\ 2\ mm$ d'épaisseur. Afin d'éviter les réactions entre creusets et réactifs, les échantillons sont placés dans un creuset en alumine entre deux feuilles d'or ou d'argent puis mis dans un four programmable pour les différents traitements thermiques.

Les synthèses à environnement contrôlé sont effectuées dans un four cylindrique. Les creusets sont placés au milieu d'un tube en quartz permettant la circulation des gaz (O_2, N_2...) à débit constant. La température est contrôlée par un régulateur (Eurotherm). Les synthèses à l'air sont effectuées dans un four à moufle (Thermolyne type 6000 Ashing Furnace) avec un système automatique de régulation de température. Pour plus de précision sur la température, un thermocouple est placé à proximité de l'échantillon ; un enregistreur de température permet de suivre toute fluctuation éventuelle au cours du cycle thermique.

Une fois les pastilles introduites dans le four, elles sont chauffées jusqu'à 700 °C (il est possible de réalisé autres expériences à 800 °C). Un premier palier est effectué à cette température pendant 12 à 42 heures ; c'est l'étape de décarbonatation. Un chauffage rapide jusqu'à $857 - 870\ °C$ puis un deuxième palier à cette température dure $2 - 3$ jours. La synthèse est achevée en trempant l'échantillon à l'air (la température ambiante est atteinte après 20 minutes). Toutes les étapes de synthèse sont résumées dans l'organigramme de la Figure III.1 . Sur la figure III.2 nous avons schématisé le cycle thermique utilisé durant la synthèse.

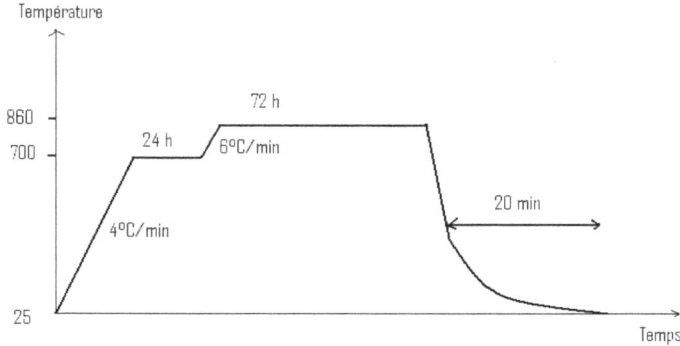

Figure III.2 *cycle thermique utilisé durant la synthèse du cuprate de bismuth Bi-2223*

Les pastilles de Bi-2223 obtenues sont légèrement déformées : ceci montre qu'il y a eu fusion partielle à la surface de ces échantillons (phase L1). Des prélèvements de quelques échantillons après l'étape de décarbonatation nous permettent de suivre l'évolution de la synthèse puis de vérifier la perte de masse expérimentale due à l'élimination du CO_2. Cette valeur sera comparée à la perte de CO_2 théorique :

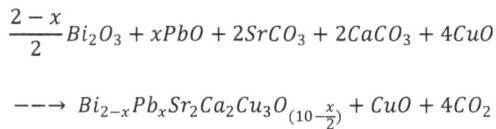

$$\frac{2-x}{2} Bi_2O_3 + xPbO + 2SrCO_3 + 2CaCO_3 + 4CuO$$

$$- - \rightarrow \ Bi_{2-x}Pb_xSr_2Ca_2Cu_3O_{(10-\frac{x}{2})} + CuO + 4CO_2$$

Cet échantillon est testé par diffraction de rayons X et par spectroscopie infrarouge à transformée de Fourier (IRTF).

Dans certains cas, il a été montré qu'un broyage et un pastillage intermédiaires (après l'étape de décarbonatation) seraient souhaitables. Pour améliorer la qualité des produits, nous avons effectué un recuit. Ainsi les échantillons sont broyés et repastillés puis mis dans le four pour un deuxième traitement.

Toutes les étapes de synthèse sont contrôlées par diffraction de rayons X à température ambiante (Diffractomètre SIEMENS D 5000), par spectroscopie IRTF (UNICAM), et par microscopie électronique à balayage (MEB) (PHILIPS XL 30). Le test de supraconductivité est réalisé d'abord par des mesures de la force de lévitation puis par des mesures de résistance et de susceptibilité magnétique (Cryostat de type PAR : Princeton Applied Research).

III.2.b. Synthèse du supraconducteur à base d'Yttrium YBCO

III.2.b.i. Préparation des mélanges

La première étape du cycle d'élaboration consiste à mélanger les masses des produits de départ (Y_2O_3, $BaCO_3$, $CaCO_3$, ZnO et CuO) qui sont pesés avec une précision de 0,0001.

Pour les différentes compositions, la proportion correspondante adopté à la formule générale de produit : $Y_{1-x}Ca_xBa_2(Cu_{1-y}Zn_y)_3O_{7-\delta}$ c'est-à-dire Y/Ca/Ba/Cu/Zn = 1- x/x/2/3(1-y)/3y conformément à la réaction :

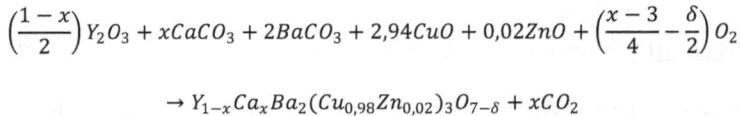

$$\left(\frac{1-x}{2}\right)Y_2O_3 + xCaCO_3 + 2BaCO_3 + 2,94CuO + 0,02ZnO + \left(\frac{x-3}{4} - \frac{\delta}{2}\right)O_2$$

$$\rightarrow Y_{1-x}Ca_xBa_2(Cu_{0,98}Zn_{0,02})_3O_{7-\delta} + xCO_2$$

Différentes compositions préparé pour un taux de zinc volontairement fixé à 2% [11] alors que les teneurs en calcium ont été variées de 0 jusqu'à 60% pour les besoins de la caractérisation, seules les concentrations à 0, 10, 20 et 30% ont retenu l'attention notamment que l'étude des propriétés magnétiques et de transport des échantillons.

Ces mélanges stœchiométriques ont été ensuite broyés manuellement dans un mortier en agate jusqu'à ce qu'il devienne homogène (avec une granulométrie la plus fine possible).

III.2.b.ii. Calcination

Les échantillons sont chauffé en présence d'air dans des creusets en alumine (Al_2O_3) jusqu'à la température de 950°C, température à laquelle ils seront maintenus pendant 48h afin de provoquer essentiellement la décomposition des carbonates et de faciliter le dégagement des résidus organiques [11]. Lors du chauffage, il se produit diverses réactions qui modifient l'état des poudres en présence :

- à 100°C, l'eau libre se vaporise ;
- au dessus de cette température les matières organiques brûlent pour donner un premier dégagement de gaz carbonique CO_2 ;
- le carbone s'oxyde lentement pour former à son tour du gaz carbonique ;

- les carbonates se décomposent selon la réaction suivante :

$$CaCO_3 \rightarrow CaO + CO_2$$
$$BaCO_3 \rightarrow BaO + CO_2$$

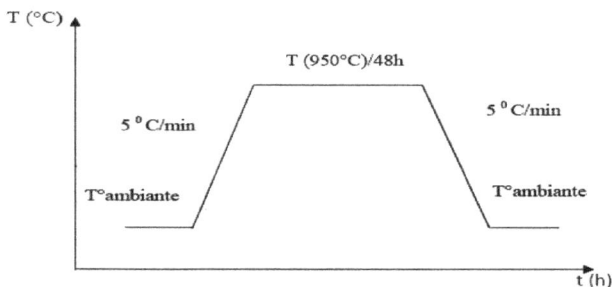

Figure. III.3 : *Programme thermique d'un cycle de calcination.*

III.2.b.iii. Mise en forme

A l'issue de la calcination (Figure.III.3) [11], la poudre est de nouveau broyée, puis compactée sous forme de pastille. Ce compactage permet de mettre en contact les grains des différentes phases et de faire raccourcir le chemin de diffusion des espèces. La mise en forme permet d'obtenir une masse métallique ayant la géométrie désirée et possédant une certaine cohésion. Le compactage est fait à l'aide d'une presse hydrostatique pour obtenir des pastilles cylindriques de 13 mm de diamètre et de 1 à 3 mm d'épaisseur. La pression utilisée est de l'ordre de 200 MPa.

III.2.b.iv. Frittage

Le frittage (Figure. III.4) est un traitement thermique, dans des fours à l'air ou en atmosphère plus ou moins contrôlée, de la poudre déjà compactée sous forme de pastilles. Ce procédé thermomécanique permet d'obtenir une cristallisation solide facilitée par l'inter-diffusion des atomes dans un système thermiquement activé. Lors de ce processus, les pièces acquièrent leurs propriétés physiques définitives et leurs dimensions subissent de légères altérations.

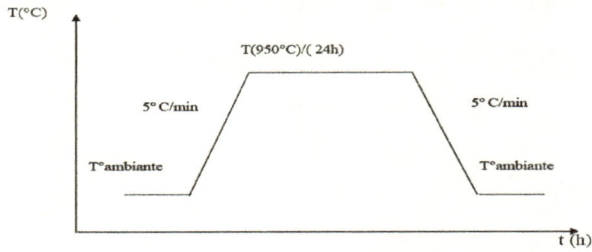

Figure. III.4: *Représentation schématique du programme thermique d'un cycle de frittage.*

III.2.b.v. Traitement d'oxygénation

Nous savons que le composé $YBa_2Cu_3O_{7-\delta}(Y-123)$ est très sensible à sa teneur en oxygène qui peut faire changer fondamentalement sa structure du type orthorhombique (supraconducteur) vers celle tétragonale (non supraconducteur) et vis versa. A cette fin, tous les échantillons ont été soumis à un maintien de 950°C de 24h à l'air sous pression d'oxygène. Nous terminons ce paragraphe par un tableau synoptique résumant l'ensemble des opérations en vue de la synthèse des composés (Figure. III.5).

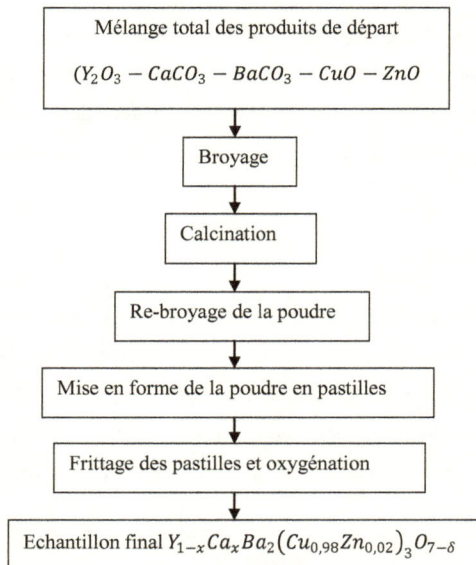

Figure. III.5 : *Différentes étapes de la synthèse avec la réaction à l'état solide.*

III.2.c. Elaboration du composite à base de polyéthylène à basse densité

Des composites $Bi - 2223/polymère$ avec différentes concentrations d'oxydes ont été élaborés. Des pastilles sont obtenues par mélange du polyéthylène à basse densité (PEBD) et de poudre de $Bi - 2223$ [12]. Pour chaque composite la composition est bien contrôlée.

Les pastilles de supraconducteur synthétisées précédemment sont d'abord broyées en poudre fine $(10 - 20\mu m)$ à l'aide d'un mortier en agathe [1]. La poudre du supraconducteur obtenue est ensuite mélangée avec celle du polymère (PEBD) selon la concentration Φ_s désirée. Le mélange de pigments supraconducteurs et de polymère est ensuite broyé dans un mortier puis mis entre deux cylindres d'un moule en acier (figure III.6) ; une légère pression est appliquée en serrant les vis $(0,2 \pm 0,1Kbar)$. Pour avoir une meilleure tenue mécanique du composite, le système est placé dans un four puis chauffé à $160 \pm 10°C$ pendant $20\ min$. A la sorti du four, le moule est trempé à l'air puis dans l'eau froide pour accélérer le refroidissement.

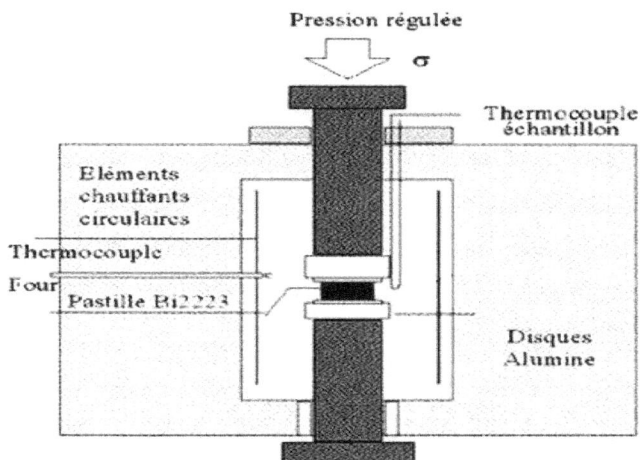

Figure III.6. :*Schéma de mise en forme du composite sous pression P.*

Tous les composites sont soumis aux mêmes conditions de trempe : refroidissement à l'air de tout le système jusqu'à $100°C$ comme température extérieure puis trempe dans l'eau froide jusqu'à la température ambiante (10 min environ). Ces conditions communes de trempe permettent de garder constante la proportion du PEBD cristallisé dans le domaine de la matrice amorphe et provoquent des contraintes résiduelles semblables dans tous les composites. La fusion du polymère permet d'enrober chaque grain du supraconducteur et d'assurer un meilleur lien entre grains.

Remarque : *compte tenu de l'inertie de la cellule et de la pression exercée sur le composite, les pastilles ont été chauffées à 160°C c'est-à-dire largement au dessus de la température de fusion du polyéthylène (115°C) à $P = 1bar$.*

Les pastilles cylindriques obtenues ont un diamètre de 20 *mm*, et une épaisseur variable de 1 *à* 4 *mm*. Une pastille de composite ainsi fabriquée présente des faces planes et peut être directement placée dans un porte échantillon en aluminium et analysé par diffraction de rayons-X ou encore mise entre deux plaques d'or pour les mesures d'impédance complexe.

III.2.d. Elaboration du composite Bi-2223/Zn

La synthèse du composite Bi-2223/Zn a été réalisée par réaction solide-solide à partir d'une poudre de la phase Bi-2223 (produit Aldrich pour analyse) et celle du zinc métallique (analytical 99,6%).

Les deux poudres sont broyées dans un mortier en Agathe jusqu'à obtention d'une poudre très fine et de couleur uniforme (taille moyenne d'environ 40 μm), pastillées sous une pression de 10 Kbar, puis portées aux traitement thermiques. Les fractions volumiques s'échelonnent de 0% à 90% en zinc [2].

Pour les traitements thermiques, il est préférable de choisir deux températures, un à 400°C, inférieur à celle de la fusion du zinc ($T_{fzinc} = 420°C$) pendant 5heures, suivie d'une trempe à l'air. L'autre à 700°C pour réaliser les contacts chimiques entre les grains du matériau également pendant 5 heurs avec une trempe à l'air.

Les mesures de la densité ont été réalisées à partir du mesure du volume extérieur des pastilles chauffées à 400 °C pour différentes compositions (de 0% vol. Zn jusqu'à 90% vol. Zn).

La figure (III.7.a) met en évidence l'écart de la densité expérimentale à la densité nominale en fonction du pourcentage volumique du zinc. Cet écart est du à la présence des portes dans les pastilles. La composante de cette porosité est portée sur la figure (III.7.b), elle décroit lorsque la teneur en zinc augmente dans le composite.

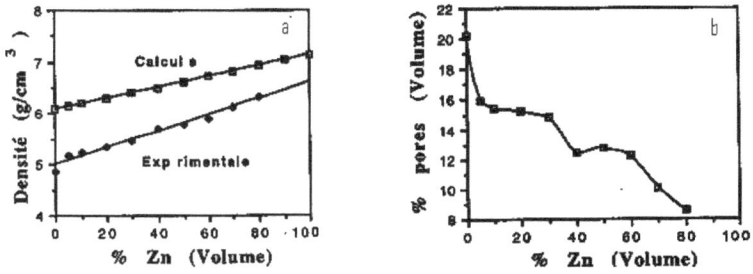

Figure III.7.a et b : *Densités du composite Bi-2223/Zn (a) et variation de la porosité (b) en fonction de la teneur en zin*

Chapitre IV : Techniques de Caractérisations des Composites

Pour caractériser des composés tant du point de vue structural qu'électrique et magnétique, les techniques suivantes sont employés :

- Diffraction de rayons X (DRX)
- Microscopie électronique à Balayage
- Analyse par Spectroscopie Infrarouge à Transformée de Fourier (IRTF)
- Mesures magnétiques
- Mesures électriques

IV.1. Diffraction de rayons X

Appareillage

L'appareil utilisé est un diffractomètre Siemens D5000, utilisant la radiation $(K\alpha1 - K\alpha2)$ d'une anticathode du cuivre bombardée par des électrons accélérés par une ddp de $35\,KV$ et un courant de $25\,mA$. La source d'électrons est un filament de tungstène. Un filtre de nickel permet d'éliminer une majeure partie des radiations K_β du cuivre. Le calibrage est effectué avec une plaque de quartz polycristallin. Les longueurs d'ondes utilisées sont :

$$\lambda_{K\alpha1} = 1{,}540\,\text{Å} \quad et \quad \lambda_{K\alpha2} = 1{,}544\,\text{Å}$$

Le tout est piloté automatiquement par un PC sur lequel on peut effectuer les traitements et l'enregistrement des diagrammes de diffraction à l'aide du logiciel Socabim version 3.1.

L'échantillon en poudre ou en pastille est placé dans un porte échantillon cuivre ou en aluminium dont les raies de diffraction sont bien définies. L'échantillon effectue une rotation d'un angle θ par rapport au faisceau incident, tandis ce que le détecteur tourne d'un angle 2θ (figure IV.1).

Tous les diagrammes sont enregistrés dans les mêmes conditions : domaine angulaire de 2 à $70\,degrés\,2\theta$, pas à pas de $0{,}2\,degrés\,2\theta$, temps de comptage de $2\,secondes$. Les diagrammes obtenus représentent l'intensité diffractée en fonction des positions angulaires. L'identification des échantillons s'effectue en comparant le diagramme expérimental à des

47

diagrammes de référence qui constituent le fichier JCPDS (Joint Commitee for Powder Diffraction Standards) [1].

Le but de cette analyse est l'identification des phases présentes dans l'échantillon et l'attribution des diagrammes de diffraction afin d'affiner avec précision les paramètres de la maille et l'état cristallin de la phase considérée. D'autre part, à partir de ces diagrammes, le taux de cristallinité d'un polymère (partiellement cristallisé) a été calculé et le relier aux conditions de trempe lors de la mise en forme du composite

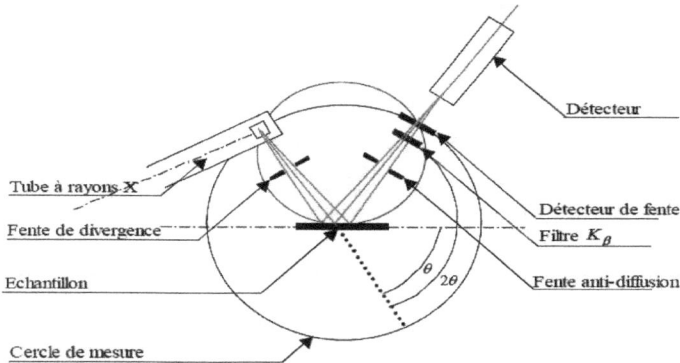

Figure IV.1 : *schéma de principe du diffractomètre*

IV.2. Microscopie électronique à balayage (MEB)

Les observations de la morphologie des échantillons ont été effectuées au moyen d'un microscope électronique à balayage (*Philips XL* 30) présentant une résolution de 100Å. L'appareil est équipé d'un dispositif (*EDX*) permettant la microanalyse chimique locale et la cartographie des éléments en même temps que l'observation.

L'observation des images numériques est effectuée à partir d'un bombardement d'électrons sur les surfaces d'un matériau (qui peuvent être soit polies, soit des surfaces de rupture), sous différentes tensions (*de* 10 *à* 35*KV*), et selon le type de l'observation et la nature de l'échantillon (légers ou lourds). Les informations sur la morphologie renseignent sur la taille des particules, les inhomogénéités, la composition, le degré de frittage, la répartition des phases et des textures,…

Microanalyse X

La microanalyse X est une méthode couplée à l'observation en microscope électronique à balayage. Elle permet l'analyse qualitative et quantitative des éléments chimiques détectables. Pour avoir une composition élémentaire locale, des analyses ponctuelles ont été utilisés permettant d'identifier la phase étudiée et les phases secondaires. Une autre fonction du système, est la cartographie, qui permet de faire apparaitre la distribution d'un ou plusieurs éléments en masquant le reste de la matrice. Certes cette technique présente un ensemble des inconvénients :

- La rugosité des échantillons après traitement thermique,
- Pour les compositions à matrice polymère, l'effet d'accumulation de charges,
- Dans le cas ou le pigment à étudier est en plaquette minces, les problèmes d'analyses en profondeur,
- L'analyse des éléments légers comme l'oxygène et le carbone

IV.3. Spectroscopie Infrarouge à Transformée de Fourrier (IRTF)

IV.3.a. Spectroscopie IRTF des poudres

La pyrolyse des précurseurs utilisés pour la préparation des composites a été suivie par spectroscopie IRTF. Le spectromètre utilisé est un appareil MATSUN-UNICAM (RS Nucleus). Ce dernier est équipé d'un détecteur qui reçoit alternativement le rayonnement ayant traversé l'échantillon ou le gaz, d'intensité I et celui de référence d'intensité I_0 et on détermine ainsi la transmitance $Tr = \frac{I}{I_0}$, en fonction du nombre d'ondes (entre 4000 et $400 cm^{-1}$). Les poudres à analyser ont été préalablement broyées et dispersées dans KBr, puis compactées sous une pression qui correspond à 10 $Tonnes$, de façon à obtenir des pastilles translucides de $13mm$ de diamètre. L'étalonnage de l'appareil a été mis au point à l'aide d'une pastille de KBr pur, bien conservé auparavant dans une étuve à $100°C$ car il est hygroscopique.

IV.3.b. Spectroscopie IRTF des gaz émis

La nature des gaz émis lors de la thermolyse a été étudiée par un montage couplé avec l'appareil d'IRTF. Ce dernier permet une analyse qualitative de tous les gaz (figure IV.3). Cette technique est basée sur quatre principes fondamentaux [2] :

- La pyrolyse de l'échantillon dans un four à très faible inertie thermique ($T_{max} = 1000°C$).
- Un réacteur de pyrolyse dimensionné de manière à réduire le volume mort et minimiser ainsi la dilution des gaz émis.
- Une cellule d'analyse des gaz émis, adaptée à la géométrie du faisceau infrarouge.

- L'utilisation d'un gaz vecteur inerte inactif en infrarouge (Azote ou Argon).

Au cours de la thermolyse du précurseur (oxalate ou carbonate), les gaz émis sont transportés dans la cellule infrarouge à l'aide de l'argon, la cellule en quartz est entourée d'une résistance chauffante pour éliminer les gaz restant condensés sur les parois. Les gaz sont ensuite évacués à la sortie de la cellule. La programmation de la rampe est consignée au niveau du régulateur du four, tandis que les paramètres d'acquisition sont introduits dans le logiciel d'exploitation du banc optique. Les spectres sont ensuite traités par un programme TEA (Time Evolved Analysis) permettant de tracer l'évolution des maximas des pics d'absorption en fonction du temps (ou la température) et le nombre d'onde.

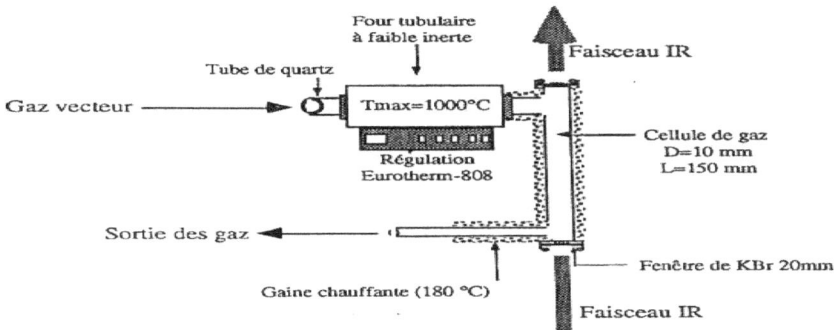

Figure IV.3 : *Schéma du dispositif de couplage IRTF par analyse des gaz émis [2]*

IV.4. Mesures magnétiques

III.4.a. Mesure de la force de lévitation

La force de lévitation est une conséquence directe de l'effet Meissner. Elle permet d'une part la caractérisation rapide et facile de la supraconductivité dans nos échantillons, et nous renseigne sur la qualité de l'échantillon synthétisé d'autre part. En effet, une force importante sera le reflet d'une forte proportion de la phase supraconductrice [3] dans le composite.

L'étude de la variation de la force de répulsion en fonction de la distance entre l'échantillon et la source de champ magnétique appliqué, conduit à la connaissance de certains paramètres caractéristiques des propriétés magnétiques de l'échantillon : Distance de pénétration du champ magnétique, loi de variation de la force magnétique...

Si l'on connait l'expression de la force de lévitation : $F = \frac{A}{h^n}$

A et n : dépends de certains paramètres de la source de champ et de l'échantillon (constantes).

h : distance échantillon-source

L'équilibre des forces de pesanteur et de lévitation, permet d'écrire dans le cas d'interaction (source fixe)-(échantillon mobile) : $\frac{A}{h^n} = mg$

Avec m, la masse affichée sur la balance et g, l'accélération de pesanteur.

D'où la distance h_0 d'équilibre définie par :

$$h_0 = \left(\frac{A}{mg}\right)^{1/n}$$

Dispositif expérimental

Pour évaluer l'évolution de cette force de répulsion magnétique avec la distance aimant-échantillon, par des compositions variables du métal ou polymère dans le composite, le laboratoire est équipé par un dispositif expérimental similaire à celui utilisé par Unswork et coll. [4] (figure IV.4). le dispositif est constitué d'un matériau non magnétique, évitant ainsi toute perturbation des mesures et qui doit résister aux chocs thermiques aux très basses températures (le Plexiglas, l'araldite, …)

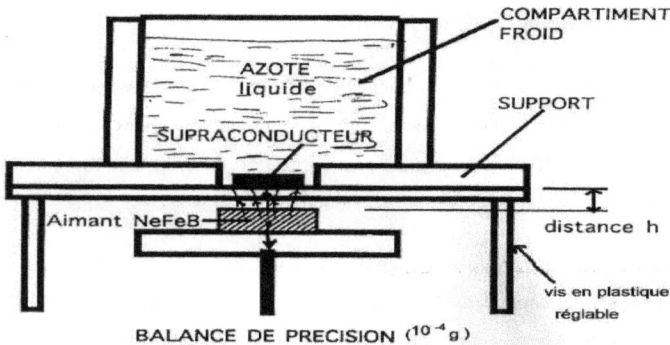

Figure IV.4 : *Dispositif expérimental de mesure de force de lévitation*

Un aimant très fort en néodyme –Fer-Bore de forme cylindrique est placé sur le plateau d'une balance électrique à haute précision ($\Delta m = 10^{-4} g$), l'échantillon sous forme de pastille, est placé au fond du dispositif qui est ensuite placé juste au dessus du plateau de la balance sans le toucher de telle sorte que la distance entre la surface de l'aimant et celle de l'échantillon soit minimale.

Lorsqu'on remplit le compartiment échantillon par l'azote liquide ($T = 77°K$), le matériau supraconducteur transite, et repousse les lignes de champ appliquées par l'aimant. Cette répulsion se traduit par une force qui pousse l'aimant, qui à son tour repousse le plateau de la balance pour voir finalement une masse affichée en gramme. Cette masse observée reflète directement la force magnétique (notée F) induit dans le système et qui est exprimée par :

$$F(N) = mg$$

m : masse affichée sur la balance exprimée en Kg.

g : accélération de la pesanteur

Les mesures de lévitation dépendent de la qualité de l'échantillon, de la source de lignes de champ, de la forme et de la taille des pastilles.

IV.4.b. Mesures de la susceptibilité magnétique

Deux méthodes ont été utilisées pour déterminer la température de transition Tc : la mesure de résistivité électrique et de susceptibilité magnétique. L'avantage de la susceptibilité magnétique (alternatif) est de permettre une détermination plus simple et plus précise de la température Tc. Cette mesure ne nécessite aucun contact avec l'échantillon. En outre la présence ou non de composante imaginaire de la susceptibilité donne une information sur l'existence ou non de couplage inter-granulaire (jonctions entre grains).

Principe de la mesure et appareillage

La susceptibilité magnétique des matériaux supraconducteurs à l'état normal est très petite, de l'ordre de 10^{-6}. Il faut que le champ appliqué à l'échantillon soit constant et faible. Dans tous les cas il doit être plus faible que le champ critique du composé.

La susceptibilité magnétique en courant alternatif (a.c) est mesurée en utilisant une bobine primaire et deux autres secondaires coaxiales montées en opposition pour compenser leur effet (figure IV.5). le champ magnétique primaire est induit en appliquant un courant alternatif d'amplitude $10\,mA$, la fréquence est de $1KHz$ et la tension de $0,2V$. Le champ magnétique alternatif appliqué est de 1 œrsted environ. Les valeurs de susceptibilité sont prise avec un pas de $0,5K$ lorsque la température varie entre $300\,et\,20K$.

Un signal de référence est mesuré à la bobine primaire à l'aide d'une résistance R. En l'absence de l'échantillon et grâce à la bobine de compensation aucun signal n'est observé. Par contre quand l'échantillon est placé dans la bobine d'excitation, la différence de tension induite représente sa contribution. On détecte au niveau des bobines secondaires à la fois la variation de la phase du signal induit par l'échantillon en phase (χ') et en quadrature de phase (χ'') avec le signal de référence, on peut ainsi déterminer grâce à cette méthode les composantes réelle et imaginaire de la susceptibilité magnétique qui peut s'écrire sous la forme complexe :

$$\chi = \chi' + i\chi''$$

- La composante réelle χ', traduit l'effet d'écran qui donne l'apparition de super courant à la surface de l'échantillon, expulsant ainsi les lignes de champ appliquées initialement.
- La composante imaginaire χ'' donne le couplage inter-granulaire traduit par un effet de dissipation.

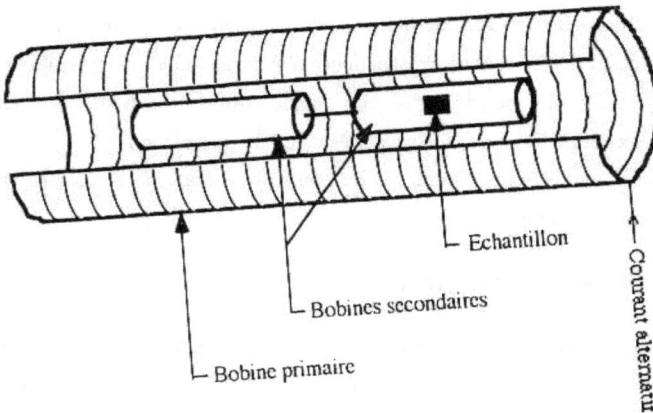

Figure IV.5. *Dispositif de mesure de susceptibilité magnétique en courant alternatif*

IV.5. Mesures électriques

Des analyses électriques (résistivité…) en fonction de la température et de la fraction volumique ϕ de supraconducteur dans le composite ont permis de caractériser les comportements dans une gamme de $0 - 100\%$ de phase supraconductrice.

Mesure de résistance électrique à basse température

La résistance électrique est mesurée par la technique standard des quatre points en courant alternatif. Cette méthode donne la variation de la résistance en fonction de la température depuis l'ambiante jusqu'à $15\,K$ environ. On peut alors étudier les transitions supraconductrices et le comportement des matériaux en fonction de la température. La mesure repose sur l'application de la loi d'Ohm :

$$\rho = R\frac{S}{L} = \frac{V_e}{I}\frac{S}{L}$$

Ou $\qquad$ ρ, la résistivité électrique

$\qquad$ R, la résistance électrique

$\qquad$ $S\ et\ L$, la surface et la longueur respectivement de l'échantillon

$\qquad$ I, le courant appliqué

$\qquad$ V_e, la tension mesurée aux bornes de l'échantillon

I est un courant alternatif de faible fréquence, il est en effet nécessaire d'éliminer les potentiels d'interfaces au niveau des pointes. La mesure de V_e permet le calcul de $\rho\ ou\ R$. Lorsque V_e s'annule pour I donnée l'état supraconducteur est détecté. I et V_e sont mesurés en phase pour n'avoir que la composante réelle.

La figure IV.6 représente un schéma de mesure de résistance électrique.

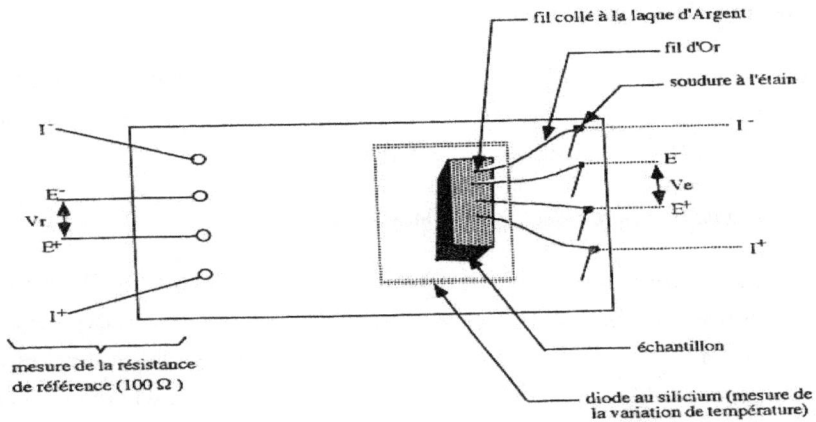

Figure IV.6 : *Mesure de la résistance électrique d'un matériau par la technique standard des quatre pointes*

Les contacts électriques pour les mesures du potentiel et du courant électrique aux bornes de l'échantillon sont assurés par des fils d'or collés sur l'échantillon avec de la laque d'argent. L'échantillon est placé en série avec une résistance de référence de 100 Ω. Cette résistance permet de déterminer avec précision l'intensité du courant en mesurant le potentiel à ses bornes (figure IV.6). l'intensité du courant traversant l'échantillon est maintenue constante durant toute la manipulation (10 μA pour les échantillons de supraconducteur pur ou composites très chargés et 90 μA pour les composites les moins chargés). Les valeurs de la résistance sont prises avec un pas de $0,5\ K$ dans le domaine de température $300 - 20\ K$. De ces mesures, diverses informations peuvent être obtenues.

- Température de transition
- Largeur de transition
- Allure et valeur de la résistance à l'état normal

Chapitre V : Caractérisation, Résultats et Discussion

Dans ce chapitre nous présentons le développement de l'ensemble des résultats de mesures obtenues sur des échantillons de céramiques et de composites. Chaque constituant a fait l'objet d'analyses par diffraction de rayons X, microscopie électronique à balayage et spectroscopie IRTF. Des mesures magnétiques et électriques ont été réalisées.

V.1. Diffraction de rayons X

V.1.a. Cas de Bi-2223/PEBD [1]:

Toutes les pastilles des composites préparées précédemment sont analysées par diffraction de rayons X. D'après les diagrammes enregistrés on peut facilement identifier les pics de cristallisation du PEBD et les pics caractéristiques de la phase supraconductrice Bi-2223(figure V.1). On peut dire à première vue qu'on a toujours la même structure orthorhombique pour chaque constituant. Pour vérifier l'homogénéité du composite, il suffit d'analysé les deux faces de la pastille, mais aucune différence n'a été observée.

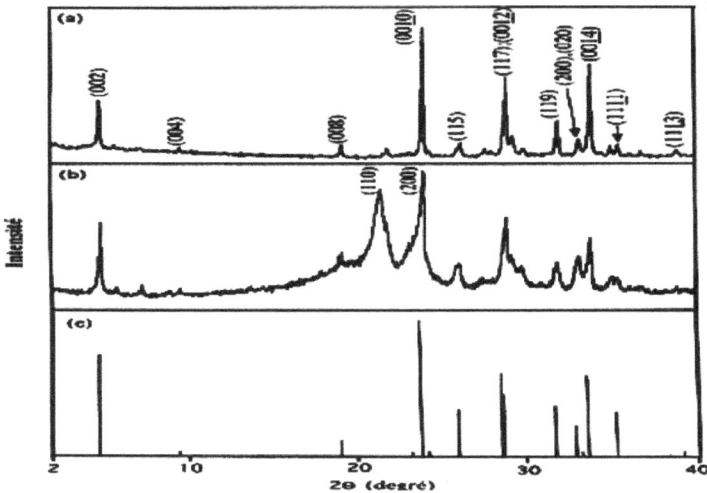

Figure V.1. _Diagramme de diffraction de rayons X de : (a) phase Bi-2223; (b) composite Bi-2223/PEBD à 10 % volumique en céramique ; (c) fichier standard JCPDS de la phase supraconductrice Bi-2223 N°41-0374. Les raies (110) et (200) sont les plus intenses du polyéthylène[1]._

56

Le changement des intensités relatives des raies dans le composite est dû à une orientation préférentielle du cristal dans la matrice au cours de la mise en forme en appliquant la pression. Ainsi on remarque une augmentation des intensités des raies (0 0 10) de la phase Bi-2223, donc une orientation des grains selon le plan (a, b).

En comparant les diagrammes des différents composites, il s'est avéré que l'état de structure cristallisé ou amorphe du PEBD dépend de sa fraction. Pour contrôler la fraction cristallisée, en utilisant le rapport d'intensités suivant:

$$R = \frac{I_{cris}}{I_t}$$

- I_{cris} est l'intensité du pic cristallisé du PEBD, soit la raie (1 1 0) dans notre cas.
- I_t est l'intensité totale due à la zone amorphe et cristallisé du PEBD.

Le rapport R augmente légèrement avec la fraction volumique du Bi-2223. Une variation de la largeur du pic de Bragg du PEBD est observée (figure V.2). La différence entre les largeurs à mi-hauteur des raies (1 1 0) du PEBD et (0 0 10) de la phase Bi-2223, est due à la différence des tailles de grains. Une trempe rapide limite la croissance des zones de PEBD cristallisées, une trempe lente le favorise.

Calcul de la taille des cristallites

La taille des cristallites du polymère est évaluée en utilisant la relation classique:

$$L(hkl) = \frac{0,9\lambda}{2\,\delta\theta\,cos\theta}$$

$L(hkl)$: La taille des cristallites en Å

λ : Radiation K_α du cuivre ($K_\alpha = 1,5406$ Å)

θ : Angle de Bragg

$\delta\theta$: Élargissement du pic de Bragg du à la taille des cristallites, en radiant

L'élargissement $\delta\theta$ peut être calculé par rapport à un pic standard :

$$(\delta 2\theta)^2 = 4(\delta\theta)^2 = [FWHM(110)]^2 - [FWHM(stand)]^2$$

Dans notre cas, on peut prendre la raie (0 0 10) de la phase Bi-2223 comme standard (figue V.2). Une valeur approximative de $L = 170$ Å est obtenue. La taille du domaine cristallisé augmente légèrement avec la fraction volumique du Bi-2223 d'environ 20 % lorsque $\phi \rightarrow 0,5$.

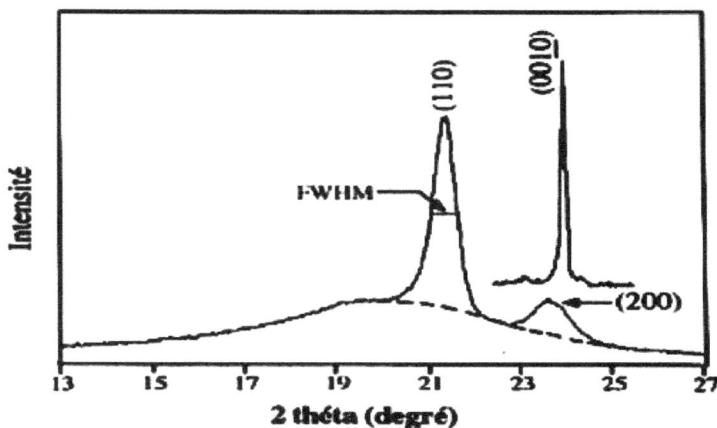

Figure V.2. *Profils des raies de diffraction (110) et (200) du PEBD et de la raie (0 0 10) de la phase Bi-2223: l'élargissement des pics du PEBD est calculé en utilisant la largeur à mi-hauteur (FWHM) du pic de Bragg standard (0 0 10)[1].*

V.1.b. Cas de Bi-2223/Zn [2]

L'étude par diffraction des rayons X, des échantillons issus du traitement thermique à 400°C, montre qu'aucune réaction chimique entre la phase Bi-2223 et le zinc n'a eu lieu. Les deux phases ont été identifiées, en utilisant les fichiers standards respectifs JCPDS 41-0374 et 4-0831. L'analyse RX de la phase Bi-2223 sans zinc ($\phi_{Zn} = 0$) révèle, en plus de la phase Bi-2223, la présence des phases Bi-2212, Bi-2201 et Ca_2PbO_4. L'affinement des paramètres de la maille a été réalisé dans le système orthorhombique et le groupe d'espace Bbmb : $a = 5,409$ Å, $b = 5,400$ Å et $c = 37,121$ Å. Les intensités relatives des raies de zinc sont sensiblement proportionnelles à ses fractions volumiques (figure V.3).

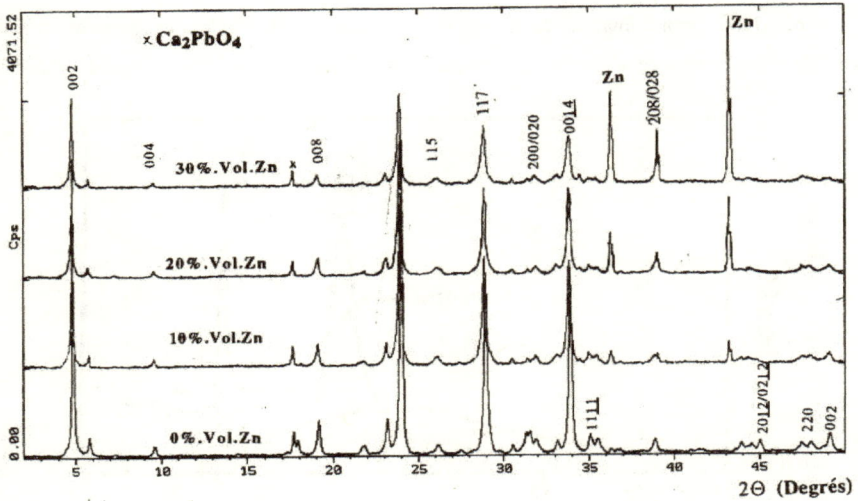

Figure V.3. : *Diaffractogramme RX des composites Bi-2223/Zn traités à 400°C [2]*

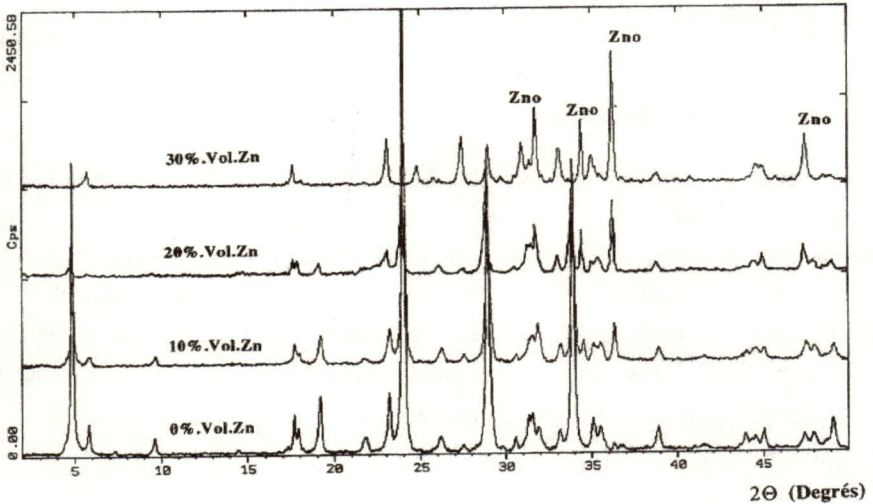

Figure V.4 : *Diaffractogramme RX des composites Bi-2223/Zn traités à 750°C [2].*

Cependant après traitement thermique des échantillons à 750°C, le zinc est oxydé en ZnO. La phase Bi-2223 reste stable pour une quantité du métal, inférieur à 20 % en volume, au-delà de cette valeur, le zinc pour s'oxyder, il pompe l'oxygène de la phase Bi-2223 qui est généralement instable et se transforme en Bi-2212. Pour mettre en évidence cette transformation, en suivant l'évolution des pics (113) de la phase Bi-2223 et (115) de la phase Bi-2212. L'intensité du pic (113) de la phase Bi-2223 diminue au fur et a mesure que la concentration en zinc augmente. Ces résultats montrent que l'oxydation du zinc favorise la décomposition de la phase Bi-2223. (figure V.4).

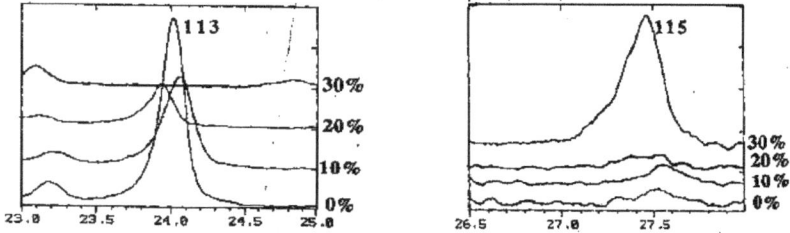

Figure V.4 *Evolution des pics 113 et 115 respectivement des phases Bi-2223 et Bi-2212 en fonction de la teneur en Zn [2]*

V.2. Observation par Microscopie Electronique à Balayage

V.2.a. Cas de Bi-2223 [1]

Les échantillons de la phase Bi-2223 synthétisés ont été caractérisés du point de vue de leurs formes (observation systématique en surface et en coupe transversale) et de leurs compositions chimique (analyse élémentaire EDX). A T>Tc, ces phases sont semi-conductrices et n'ont donc pas besoin d'être métallisées. L'étude par MEB a permis de corréler les morphologies et les phases présentes aux conditions de synthèse. La présence de certaines phases parasites existant dans le diagramme de phases ou observées par diffraction de rayons X a été confirmé.

Etude de la morphologie en coupe transversale et en surface

Les images en électrons rétrodiffusés des figures V.5 et V.6 montrent l'aspect général en coupe transversale d'un échantillon Bi-2223 recuit pour divers agrandissements. La structure cristallographique lamellaire de cette phase explique la morphologie en plaquette observée sur tous les échantillons Bi-Pb-Sr-Ca-Cu-O préparés. Ces plaquettes sont de $10 - 20\ \mu m$ de diamètre et $0,3 - 1\ \mu m$ d'épaisseur et sont orientées dans toutes les directions de l'espace. La figure V.6.a (détail de la figure V.5.b) montre que ces plaquettes sont fréquemment liées entre elles par des arêtes, ce qui augmente le taux de cavités dans le matériau recuit. Dans certains échantillons on observe des plaquettes très épaisses jusqu'à 5 μm), dues à une forte croissance cristalline (figure V.7.a,b). A côté de cette phase majoritaire, on observe fréquemment d'autres formes géométriques variables correspondant aux différentes phases résultant de la synthèse (figure V.8.a,b). La taille et la forme de ces impuretés rendent difficile l'analyse élémentaire.

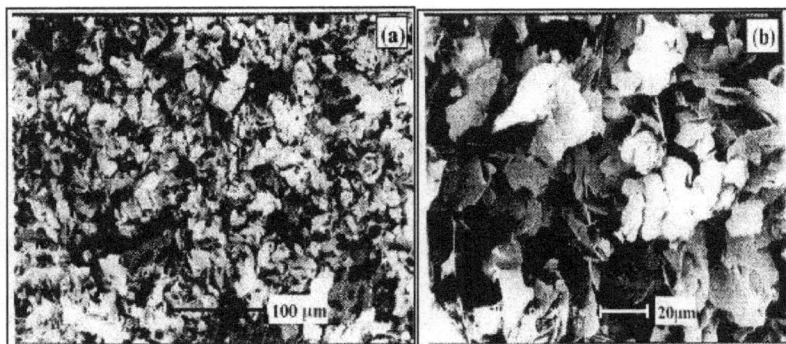

Figure V.5 *Morphologie en coupe transversale d'un échantillon Bi-2223. (a) Vue d'ensemble. (b) détail montrant la distribution au hasard des plaquettes formant la céramique[1].*

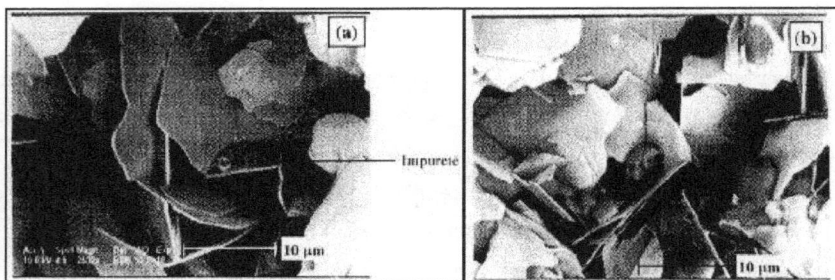

Figure V.6.a,b. *Détail d'un échantillon Bi-2223 recuit. Les plaquettes sont fréquemment Liées entre elles par des arêtes d'où Le taux de cavités élevé[1].*

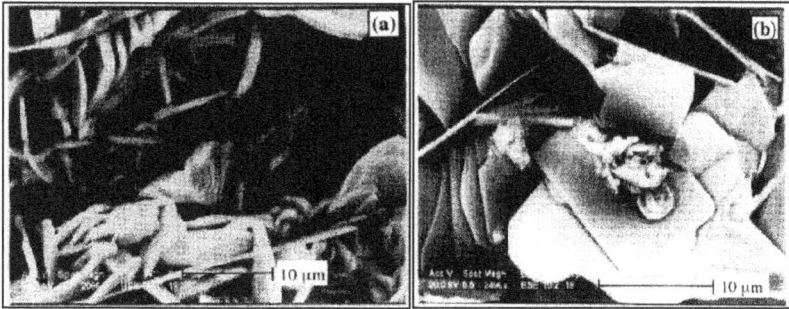

Figure V.7.a.b. *Influence du temps et de la température de recuit sur la croissance cristalline des grains. (a) coupe transversale en rétrodiffusé d'un échantillon longuement recuit: certaines plaquettes atteignent une épaisseur de 5μm 5 μm. (b)formation d'impuretés en surface des grains[1].*

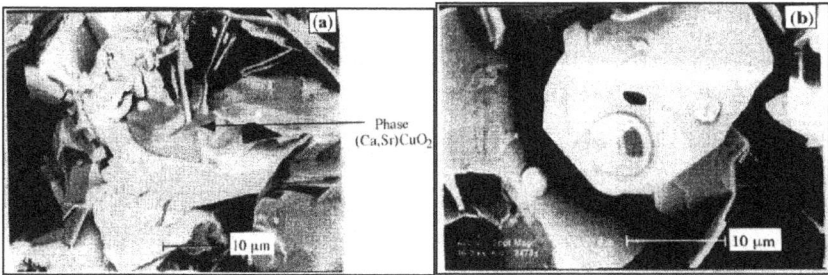

Figure V.8.a.b. *Coupe transversale en rétrodiffusé montrant la morphologie et la taille de certaines impuretés se formant lors de la synthèse du Bi-2223. (a) : l'analyse EDX sur la phase noir au milieu de la photo donne une composition de (Ca.Sr)CuO$_2$. (b):phases minoritaires se formant en surface de plaquettes, donc n'influent pas sur la percolation du courant électrique[1].*

L'image de la figure V.9.a montre la morphologie de surface de l'échantillon précédent en électrons rétrodiffusés. On peut remarquer une orientation préférentielle des plaquettes. L'image suivante (figure V.9.b) montrant l'interface surface-intérieur d'échantillon confirme l'hypothèse émise. On peut penser que c'est un effet de compactage de la poudre initiale avant recuit. Ceci permet de confirmer les analyses faites par diffraction de rayons X et de révéler un fort effet de texturation dans les plaquettes fraîchement préparées.

Dans certains échantillons on a observé des phases résiduelles composées relativement d'éléments légers (figure V.10), qui pourraient être du CuO et/ou la phase $(Ca, Sr)_2 CuO_2$. La taille de ces impuretés est parfois très grande (jusqu'à 50 μm) ce qui peut influer sur le passage du courant électrique.

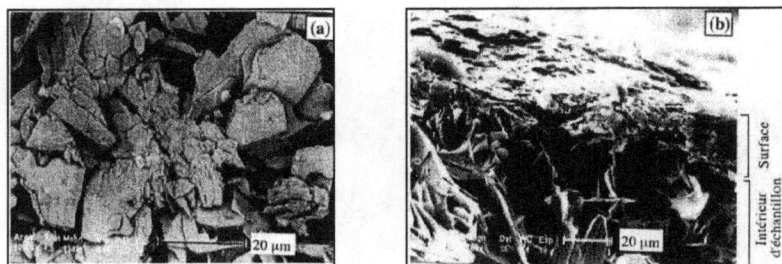

Figure V.9. *(a) Morphologie de surface en électrons rétrodiffusés d'un échantillon Bi-2223 recuit.*
(b) Interface surface d'échantillon - intérieur. Ces observations expliquent les résultats de DRX qui révèlent
un fort effet de texture dans les plaquettes. L'orientation des plaquettes est due à un effet de compactage de
l'échantillon avant recuit [1].

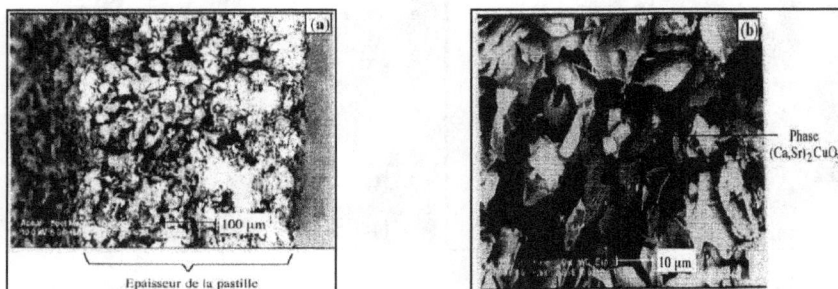

Figure V.10.a.b. *Vue générale en électrons rétrodiffusés du bord d'une pastille de Bi-2223 recuit. En (b)*
détail de l'image (a), on peut voir une phase résiduelle riche en cuivre de taille très grande et qui peut
influer sur le passagedu courant électrique [1].

V.2.b. Cas de Bi-2223/Zn [2]

L'examen micrographique d'un échantillon à 20 % Vol. Zn traité à 400 °C (photos a et b) montre que le zinc de couleur grise enrobe la céramique. Les taches noires représentent les pores et les espaces inter-granulaires. Après traitement thermique à 750 °C, (photos c et d). On observe des boules d'oxyde de zinc à la surface de l'échantillon et la céramique (couleur blanche) présente des fissurations qui sont dues au traitement thermique. La photo (e) réalisé avec un grossissement plus important montre que l'oxyde de zinc de couleur grise se pose à la surface de l'échantillon sous forme d'une masse fondue.

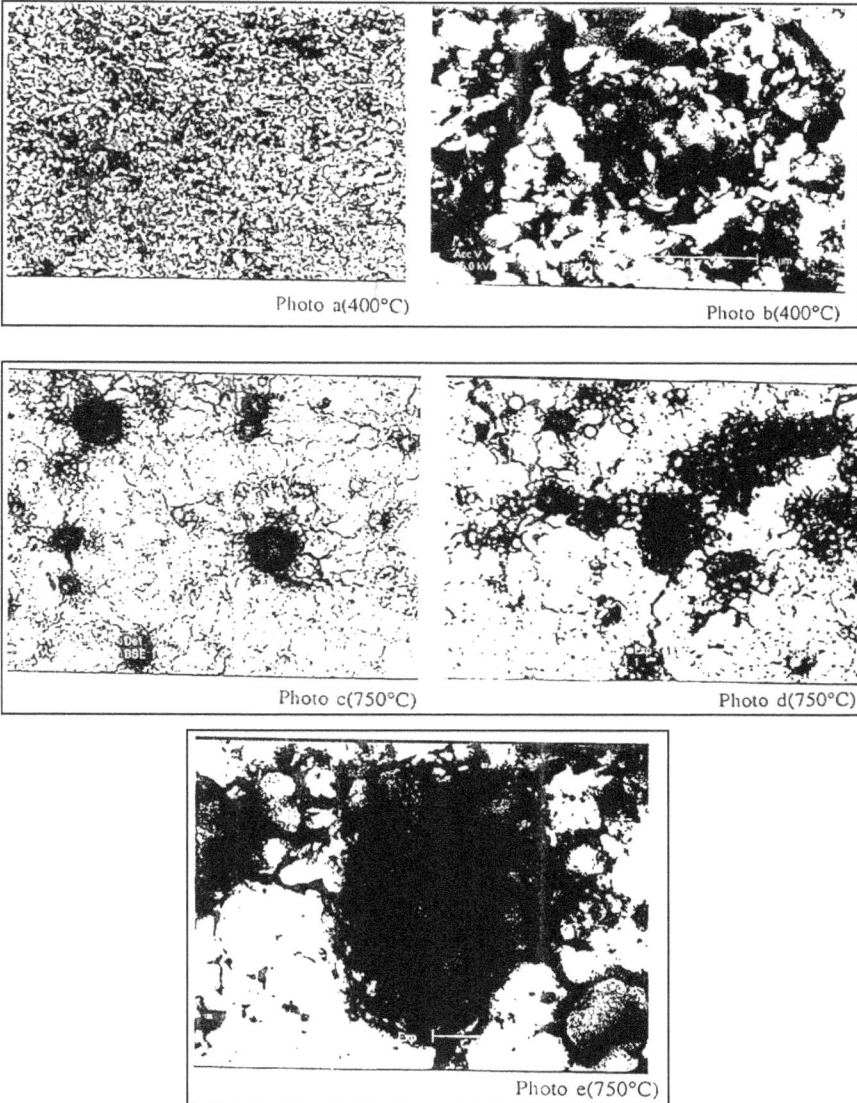

Photo a(400°C)

Photo b(400°C)

Photo c(750°C)

Photo d(750°C)

Photo e(750°C)

Figure V.11 *Observation par microscope électronique à balayage des composites Bi-2223/Zn traités à 400°C et 750°C [2]*

V.3. Spectroscopie d'absorption infrarouge [2]

La décomposition thermique du précurseur à l'issue des différentes étapes de la thermolyse a été suivie également par spectroscopie infrarouge. Le spectre d'absorption (intensité en fonction du nombre d'ondes en cm^{-1}) pour différentes températures est donné sur la figure V.12.

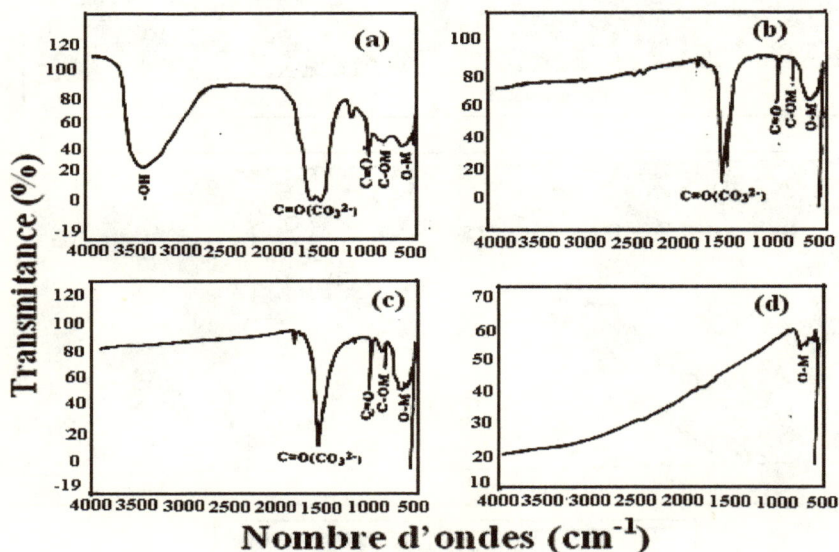

Figure V.12. : *Spectres d'absorption IRTF du précurseur pyrolysé à 60°C (a), 350°C (b), 750°C (c), 800°C (d) YBaCuO/Ag*[2]

- Le spectre obtenu après le premier traitement thermique à 60°C (figure V.12a), traduit l'hydratation du précurseur (vibration OH très large vers 3430 cm^{-1}), la présence des carbonates (vibration $C = 0$ vers 1490 et 1380 cm^{-1}), des liaisons $C - OM$ (faibles vibrations vers $700 cm^{-1}$) ainsi que l'existence des liaisons $0 - M$ (vers 510 cm^{-1})

- Après chauffage à 350°C pendant $2h$ (figure V.12b) les pics relatifs aux vibrations $C = 0$ deviendront plus intenses, et mieux résolus avec deux vibrations distincts vers 1430 cm^{-1} et 1390 cm^{-1}. On note également l'augmentation des pics $C - OM$ et $0 - M$.

- Après traitement à 750°C pendant $12h$, le spectre d'absorption IR (figure V.12c) montre la persistance d'une bande d'absorption $C = 0$, qui peut être attribuer à celle du carbonate de baryum (vers 1430 cm^{-1}).

- Le spectre enregistré après pyrolyse à 800°C (figure V.12d) montre la disparition totale des carbonates. Seule persiste la bande caractéristique de la vibration $M - O$ entre 500 cm^{-1} et 560 cm^{-1}.

V.4. Spectroscopie IRTF des gaz émis [2]

Les résultats obtenus par les techniques précisées, sont confirmé par l'utilisation de l'analyse par IRTF des gaz émis par le précurseur lors de sa décomposition en fonction de la température (figure V.13a et b).

Le spectre obtenu (figure V.13a) montre deux massifs caractéristiques des carbonates hydratés. Ces courbes mettent en évidence la disparition successive de H_2O (bandes d'absorption à 3600 cm^{-1} et 1500 cm^{-1}) et le dioxyde de carbone (bande d'absorption à 2350 cm^{-1} et 670 cm^{-1}) en fonction de la température. On note que le dégagement de l'eau d'hydratation s'effectue dans la gamme de température $80 - 400°C$ tandis que celui du dioxyde de carbone continue à se dégager jusqu'à $850°C$.

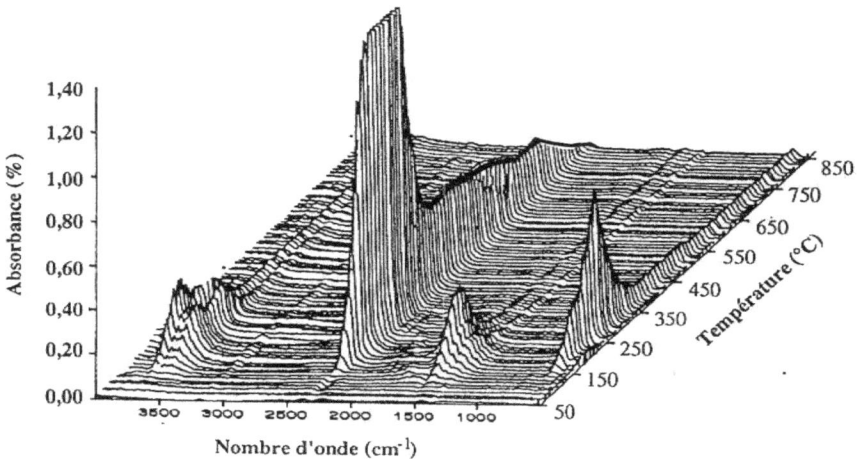

Figure V.13a : *Variation en fonction de la température, des bandes d'absorption des gaz émis lors de la pyrolyse du précurseur YBaCuO/Ag[2]*

Pour bien montrer le dégagement de ces gaz en fonction de la température, l'évolution des surfaces de bandes caractéristiques des deux gaz analysés au cours de la montée en température, sous atmosphère inerte (azote) est représenté sur la figure (V.13b). Cette représentation met en évidence l'évolution des phénomènes observés lors du chauffage.

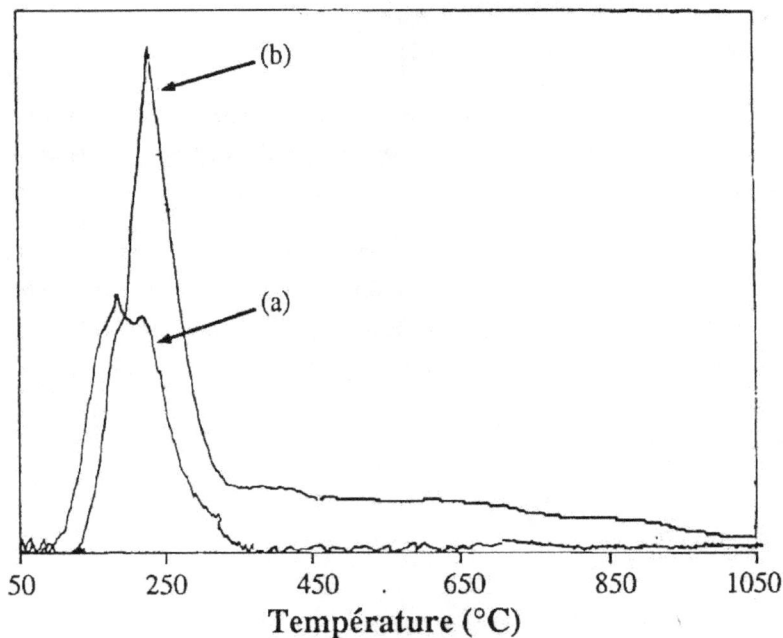

Figure V.13b : *Evolution des surfaces des bandes caractéristiques des deux gaz analysés au cours de la pyrolyse [2] :*

(a) Intégration de la bande de H_2O.

(b) Intégration de la bande de CO_2.

Ces résultats obtenus par IRTF des poudres et des gaz émis confirment toutes les étapes de décomposition du précurseur observées. Ceci a permis de mieux connaitre et maitriser les températures de traitements de ces systèmes composites. Le dégagement des molécules H_2O, et CO_2 a pu être directement caractérisé.

V.5. Mesures magnétiques à basse température

V.5.a. Cas de Bi-2223/PEBD [1]

Mesures de lévitation

Dans le tableau V.1, on reporte la force de lévitation (colonne 2) en fonction de la fraction volumique ϕ du céramique dans le composite. Il est confirmé que la force de lévitation augmente à peu près linéairement avec la fraction du Bi-2223 dans le composite.

Tableau V.1. *Mesures de lévitation sur une série de composites Bi-2223/PEBD. Les derniers points du tableau (a, b et c) sont obtenus à partir de trois types de céramique Bi-2223 sans polymère avec $\phi_s = 0,85$ correspondant à 0,15 de fraction de cavité. (a) échantillon recuit, broyé puis repastillé sous 10 Kbar ; (b) idem mais repastillé sous 5 Kbar seulement ; (c) échantillon sorti du four. Erreur de mesure: $\Delta F = 0,04$ [1].*

Fraction volumique ϕ_s(100)	Force de lévitation F(Newton)	F/M en N.Kg^{-1}
5	0,26	0,98
10	0,42	0,86
15	0,74	0,99
20	0,82	0,97
25	0,88	0,77
30	1,17	0,78
35	1,21	0,71
40	1,63	0,84
45	1,67	0,77
50	1,83	0,74
85	3,81 (a)	0,80
84	3,89 (b)	0,78
85	5,31 (c)	1,08

Comme en susceptibilité, le broyage a son effet: en détruisant les joints de grains les couplages disparaissent ce qui a pour conséquence une diminution de la réponse magnétique.

La force magnétique F ramenée au même volume en fonction de la fraction volumique ϕ de Bi-2223 est représenté sur la figure V.14. Dans la troisième colonne du tableau V.1, on reporte F/M (N.Kg^{-1}), qui représente le rapport entre la force de lévitation et la masse de l'oxyde dispersé dans le composite. Ce rapport donne la force répulsive par unité de masse du matériau supraconducteur pour une distance fixe $h = 4mm$ séparant la surface de l'aimant et celle de l'échantillon. Les valeurs de F/M sont pratiquement constantes pour toutes concentrations autours d'une valeur moyenne $F/M = 0,84\,N.Kg^{-1}$ avec une dispersion à $\sigma(F/M) = 0,14$. Ce rapport a le même ordre de grandeur pour les échantillons d'oxyde purs broyés et repastillés. En revanche pour l'échantillon "frais" la valeur est supérieure.

L'incertitude de mesure, notamment sur la distance h et le volume de l'échantillon, est sans doute à l'origine de la large dispersion $\sigma = 0,14$. Les mesures de la force de lévitation dépendent de la qualité de l'échantillon, de la forme et des dimensions de la pastille.

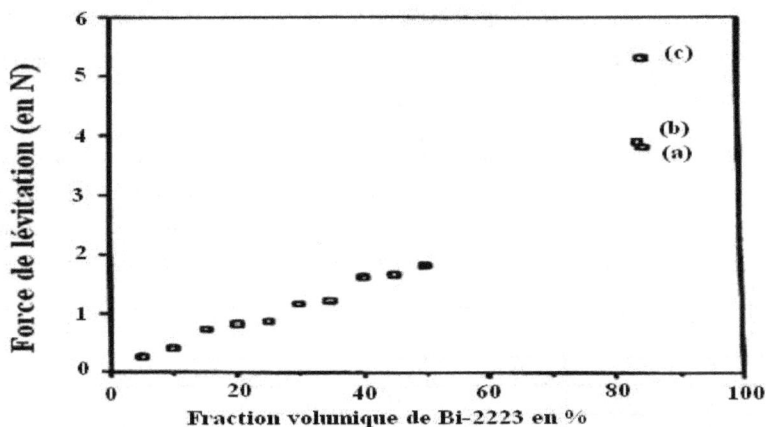

Figure V.14. *Force de lévitation, entre le composite et l'aimant, en fonction de la fraction volumique de la céramique. (a) et (b) : échantillon recuit, broyé puis recompacté; (c) : échantillon sorti du four. Un comportement linéaire est observé entre 0 et 50% volumique de Bi-2223 [1].*

V.5.b. Cas de Bi-2223/Zn [2]

Force de lévitation magnétique

Les mesures de la force de répulsion magnétique, par unité de masse, en fonction de la distance h ont été réalisées pour les composites à 0, 10, 30 et 50 % vol. Zn traités à 400 °C (figure V.15a) et 0, 10 et 20 % vol. Zn traités à 750 °C (figure V.15b). On remarque que les courbes représentant cette force décroissent au fur et à mesure que la distance échantillon-aimant augmente. Au-delà de ces concentrations ces mesures sont inopérant ce qui est du à la pénétration des lignes de champ dans le composite. Dans les échantillons (0 et 10 % vol. Zn) le frittage augmente légèrement la valeur de la force de lévitation (pour $h = 3mm$, elle passe de $1,0012$ N/Kg à $1,0115$ N/Kg pour $\phi_{Zn} = 0$ et de $0,6753$ N/Kg à $0,6801$ N/Kg pour $\phi_{Zn} = 0,10$). En effet après traitement thermique à 750 $°C$ les jonctions inter-granulaires se forment et la répulsion des lignes de champ deviennent plus importante.

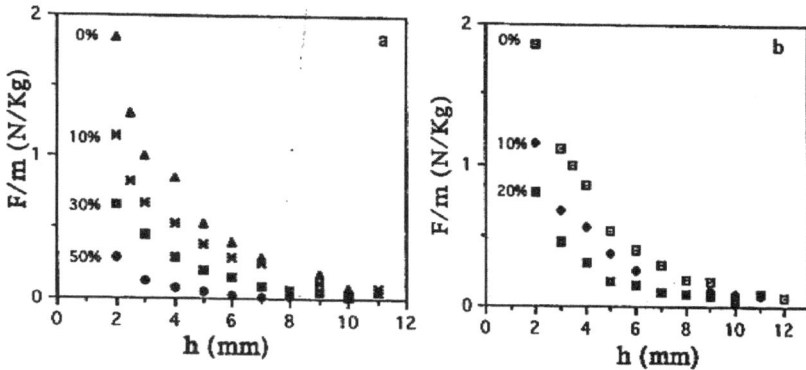

Figure V.15a et 15b : *variation de la force de lévitation en fonction de la distance h pour les composites traités à 400 °C (4a) et 750 °C (4b) [2].*

V.5.c. Susceptibilité magnétique

V.5.c.i. Cas de Bi-2223/PEBD [1]

Dans le cas de ce type de composites et pour une forte teneur en polymère, il est difficile de voir un signal de transition en résistance électrique par absence de contact continu entre grains de supraconducteurs. Par contre en susceptibilité magnétique, on pourra toujours avoir un signal de transition à la température Tc. D'autre part on peut lier l'amplitude de transition au taux de pigments insérés dans la matrice polymère.

Des mesures de susceptibilité magnétique en courant alternatif (A.C) à basses températures sont réalisées sur les composites Bi-2223/PEBD pour différentes concentrations. Le champ magnétique primaire est induit par un courant alternatif d'amplitude 9 mA avec une fréquence de 1KHz.

Les diagrammes représentant la susceptibilité en fonction de la température (figure V.17. a, b), montrent que la poudre de l'oxyde supraconducteur ne préserve pas toutes ses propriétés supraconductrices dans le composite. On a toujours un signal vers 110 K correspondant à la transition du supraconducteur; par contre on observe une nette diminution du signal magnétique par rapport à la céramique pure. En dessous de Tc une variation de la partie imaginaire de la susceptibilité est observée dans le cas de l'oxyde pur non broyé (voir figure V.16). Cette anomalie disparait dans le cas des composites. Ceci est du à l'absence des joints de grains : on n'a plus de couplage inter-granulaire dans les composites, et par conséquent la partie imaginaire de la susceptibilité ne détecte aucun changement du signal magnétique. En comparant les différents diagrammes on peut remarquer que l'amplitude du signal augmente avec le taux du pigment supraconducteur dans le composite.

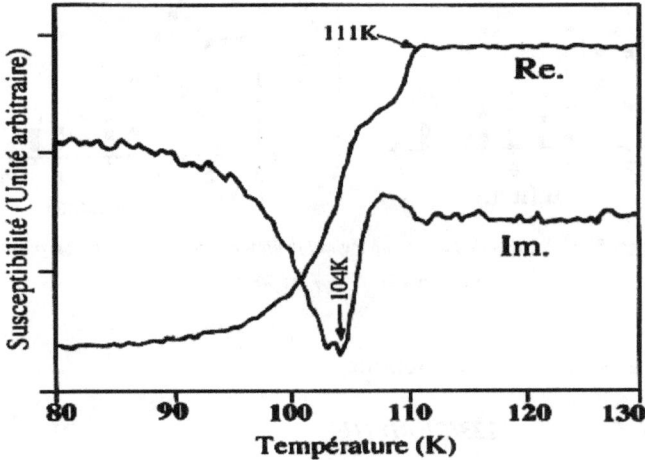

Figure V.16. *Susceptibilité magnétique en champ alternatif. La partie réelle (Re.) indique un début de transition à 110 K avec un épaulement à 105 K dû à la transition des joints de grains. La partie imaginaire (Im.) indique le couplage intergranulaire avec un optimum à 104 K [1].*

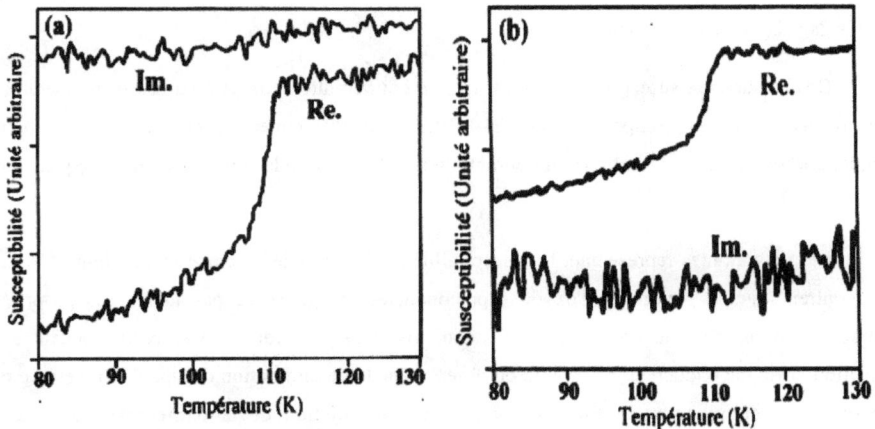

Figure V.17. *Susceptibilité magnétique en champ alternatif pour un composite Bi-2223/PEBD, (a) 45 % vol. et (b) 20% vol [1]*

V.5.c.ii. Cas de Bi-2223/Zn [2]

Dans le cas des échantillons issus du premier traitement thermique (400 °C), les mesures de la résistance en fonction de la température ne permettent pas de repérer la transition vers l'état supraconducteur, du fait que cette température est insuffisante pour former les liaisons chimiques entre les grains de la céramique. En revanche, les mesures magnétiques le permettent.

Les mesures de la susceptibilité magnétique en fonction de la température (figure V.18.) montrent que la température de transition vers l'état supraconducteur est de 107 K. On remarque que l'amplitude du signale augmente avec le taux de la céramique dans le matériau (Tableau V.2.).

Tableau V.2 : *Evolution de la température, de l'amplitude de transition supraconductrice en fonction de ϕ_{Zn} pour des échantillons traités à 400 °C [2].*

Echantillon	Tc onset (K)	$\Delta\chi$ (% Vol)
0% Vol. Zn	107,95	69
10% Vol. Zn	107,23	31
20% Vol. Zn	107,4	24
30% Vol. Zn	107,39	20
40% Vol. Zn	106	16
50% Vol. Zn	105	11

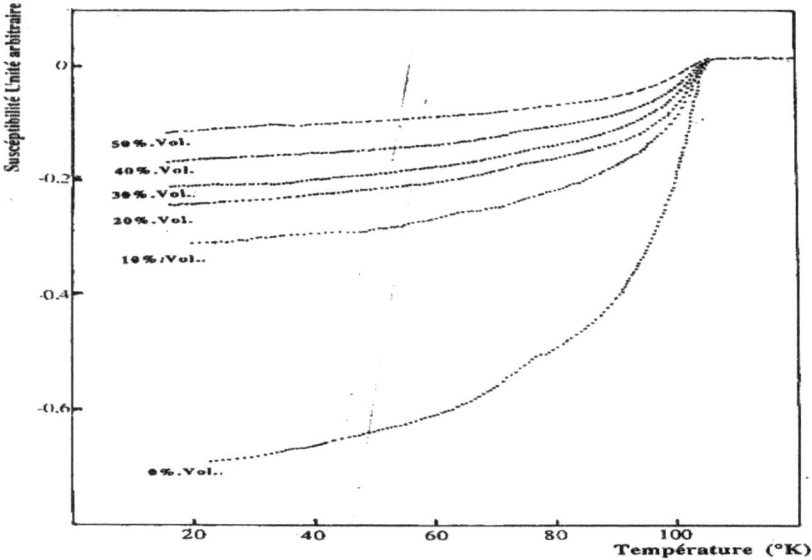

Figure V.18. : *Variation de la susceptibilité magnétique en fonction de la température des composites Bi-2223/Zn traités à 400°C [2].*

V.6. Mesure électrique

V.6.a. Etude du vieillissement de la phase 2223 par mesure de la résistance électrique

Un échantillon, étudié sur une première face, a été abandonné à l'air. Après 24 mois, il a été analysé par mesure de la résistance électrique sur l'autre face dans les mêmes conditions de manipulation. Les deux courbes (figure V.19) sont semblables. Toutefois on peut noter les modifications suivantes pour le dernier cas :

- La pente de la partie métallique est plus accentuée,
- La résistance s'annule à environ 103 K (alors qu'elle était de 106 K),
- Pour T>Tc, la valeur de la résistance électrique est plus faible.

On peut donc conclure qu'il n'y a pas de modifications importantes observées par mesures de résistances électriques pour un échantillon recuit abandonné à l'air pour une longe durée.

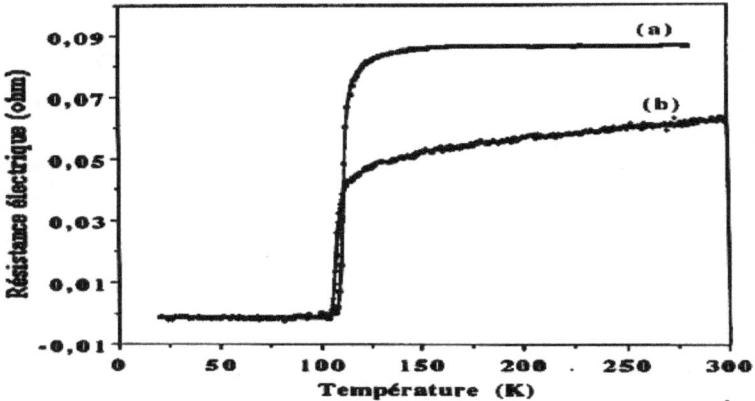

Figure V.19. *Résistance électrique en fonction de la température de l'échantillon A [1]:*
(a) mesures de la face supérieure;
(b) mesures après 24 mois sur la face inférieure d'échantillon compacté.

V.6.b. Influence du broyage et de la pression sur la transition

Les composites supraconducteur / polymère sont préparés à partir de la poudre de Bi- 2223 broyée. Pour mieux comprendre l'influence du broyage et du pastillage sur la transition, en effectuant des mesures de résistance électrique sur un échantillon Bi-2223 broyé puis recompacté à différentes pressions.

Dans la figure V.20, en reportant, les mesures de résistance pour un échantillon C qu'on avait par la suite broyé et repastillé à 10, 7 et 2,5 Kbar (échantillon D, E et F respectivement). Les échantillons D et E présentent une première transition vers 110 K, puis une deuxième à 80 K environ. Une résistance nulle est observée vers 30 K pour l'échantillon D. La transition est beaucoup plus large pour l'échantillon E ($T_c^0 = 17\ K$). Dans le cas de l'échantillon compacté à 2,5 Kbar (échantillon F), aucune transition n'a été observée: on a un comportement semi-conducteur sur tout le domaine de température considérée. Pour les trois courbes, la valeur de résistance au dessus de Tc est nettement supérieure à celle du matériau recuit. Après broyage, les joints de grains qui initialement contribuaient à la transition sont éliminés. On remarque que la deuxième transition commence à 80 K, température critique de la phase supraconductrice Bi-2212 non mise en évidence par les diagrammes de diffraction de rayons X.

En comparant les trois courbes de D, E et F, on peut remarquer que la pression peut améliorer la percolation ; plus on diminue la pression de pastillage plus on assiste à un élargissement de transition qui disparaît à faible pression appliquée. En même temps on remarque une nette augmentation de la résistance électrique.

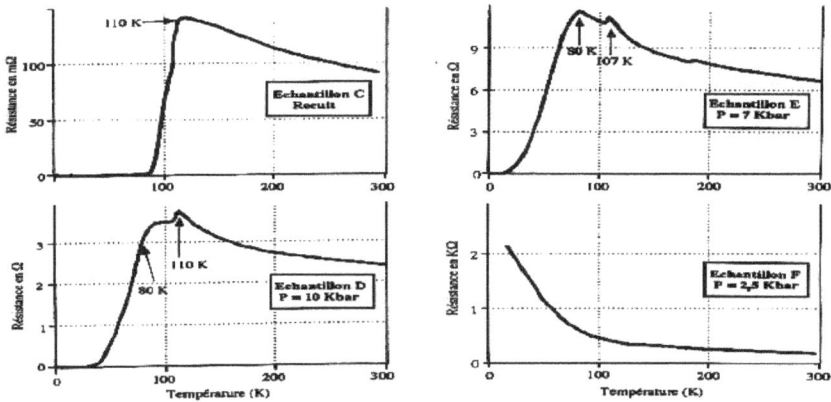

Figure V.20. *Mesures de résistance électrique pour un échantillon recuit et un échantillon repastillé sous différentes pressions (10, 7 et 2,5 Kbar) [1].*

La figure V.21, représente la température de transition T_c^0 en fonction de la pression P de compactage. L'équation de la droite supposée linéaire est:

$$T_c^0 = 4,3P - 13 \qquad\qquad \text{(P en Kbar)}$$

En calculer la pression critique notée P_c correspondant à une transition à 0 K

$Pc = 3\ Kbar$. D'autre part, pour faire transiter le matériau compacté à la température de l'échantillon recuit il faudrait théoriquement exercer une pression de 26 Kbar.

Nous pouvons conclure que le traitement mécanique de l'oxyde Bi-2223 a d'une part éliminé les joints de grains, et d'autre part a fait apparaître une phase du type 2212. La pression de compactage permet de reformer certains "joints de grain" qui aident ainsi à la percolation des courants supraconducteurs. Cette observation laisse ainsi un certain espoir pour obtenir certaines jonctions à froid dans les composites après compactage sous haute pression.

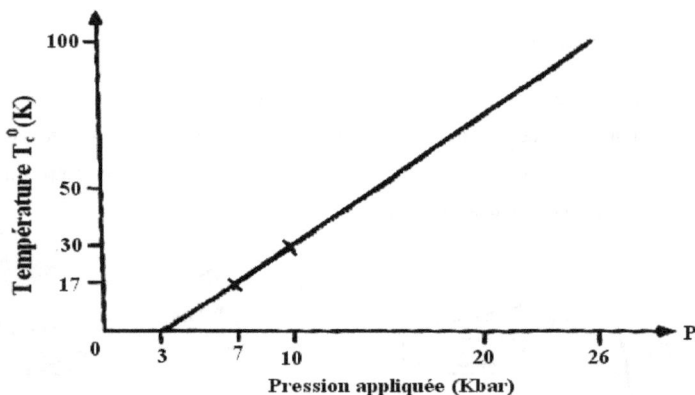

***Figure* V. 21.** *Température de transition T_c^0 en fonction de la pression P. Les points en gras sont Expérimentalaux. Théoriquement, en supposant la.loi linéaire, pour une pression de 2,5 Kbar on ne peut pas percoler. Pour avoir la même transition qu'un, échantillon recuit (110 K), il faudrait exercer une pression de 26 Kbar [1].*

Cas de Bi-2223/Zn [2]

Les mesures de la résistance électrique ont été effectuées de la température ambiante à celle de l'hélium liquide pour diverses compositions en zinc dans les échantillons traités à 750°C (figure V.22). Pour les concentrations inférieures à 20% Vol. Zn, on observe une transition supraconductrice à une température de 110°K, une résistance nulle est atteinte à partir de 60°K. Les courbes R(T) présentent des transitions larges avec un changement de courbure vers 80°K, ce qui traduit la présence de la phase Bi-2212, observée par diffraction RX. Cependant le composite à 30%

en volume de zinc présente une transition étroite vers 80°K avec une résistance nulle à partir de 73°K ce résultats est en bon accord avec la décomposition de la phase Bi-2223 en Bi-2212 observée par diffraction RX.

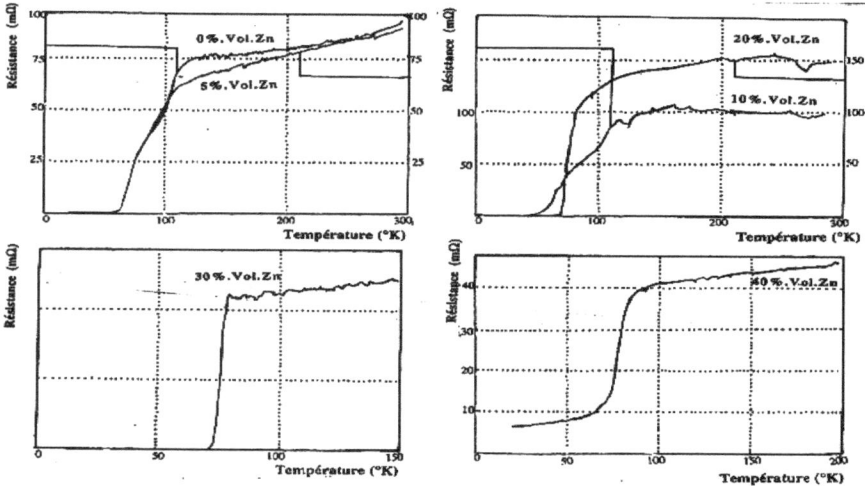

Figure V.22 : *Evolution de la résistance en fonction de la température du composite Bi-2223/Zn [2]*

Le composite le plus chargé en zinc ($\phi_{Zn} = 0,40$ présente le même comportement que le précédant mis sans que la résistance s'annule. Cette résistance résiduelle est due à la distribution de l'oxyde de zinc semi-conducteur entre les particules de la phase supraconductrice. Le tableau (V.3) regroupent le début, la fin et la largeur des transitions vers l'état supraconducteur respectivement *Tc onset, Tc offset* et ΔTc.

Tableau V.3 : *Evolution des températures de transition en fonction de la teneur en Zinc [2]*

Echantillon	Tc onset (K)	Tc offset (K)	ΔTc (K)
0%.Vol. Zn	110	62,85	47,15
5%.Vol. Zn	110	62,85	47,15
10%.Vol. Zn	108	57,14	50,85
20%.Vol. Zn	104,30	68,57	35,73
30%.Vol. Zn	80	73,57	6,43
40%.Vol. Zn	80	73,57	6,43

Conclusion

L'élaboration des composites à base d'oxydes supraconducteurs à HTC et de polymère ou métal a été largement étudiée dans la bibliographie et avait un triple objectif :

- D'isoler des matériaux présentant des propriétés chimiques et mécaniques plus stable que celles de céramiques pure.
- Les propriétés supraconductrices de l'ensemble doivent être améliorées, voire identiques à celles de la phase pure.
- Réaliser des écrans protecteurs des champs électromagnétiques et d'obtenir des propriétés élastiques et mécaniques améliorées.

Cette étude bibliographique montre que le choix de ces matrices polymère et métallique a été motivé par les propriétés électriques et mécaniques et la stabilité chimique de ces matrices.

Durant cette étude bibliographique je me suis intéressé à deux séries de composites :

Elaboration de la première série de composites Bi-2223/polymère avec différentes concentration d'oxydes : Des pastilles sont obtenues par mélange de polyéthylène à basse densité (PEBD) et de poudre de Bi-2223 pour chaque composite la composition est bien contrôlée.

Préparation de la deuxième série d'oxydes/Zinc : Bi-2223/Zn par réaction solide- solide à partir des céramiques préalablement élaborées et du zinc métallique suivant deux traitements thermiques :

- L'un à 400°C, avec l'absence de réaction chimique entre la matrice et la céramique supraconductrice.
- L'autre à 750°C suite à l'oxydation du zinc, les systèmes évoluent complètement, en composites céramique/ZnO.

Pour les composites Bi-2223/Zn, la phase supraconductrice reste relativement stable jusqu'à une composition égale à 30% en volume de zinc, au-delà de cette valeur elle se transforme en Bi-2212.

Chaque constituant a fait l'objet de réalisation des analyses par diffraction de rayon X, microscopie électroniques à balayage, des mesures magnétiques et électriques.

Conclusion

Par sa diversité, et ses résultats, l'ensemble des composites élaborés ouvre un large champ d'étude physico-chimique, étude magnétique, mesure des densités de courants critiques, élaboration de fils, rubans, couches minces.

Références

Références de chapitre I

[1] : Ahmed TAOUFIK, Thèse, Faculté des sciences d'Agadir (1995)

[2] : Ahmed TIRBIYINE, Thèse, Faculté des sciences d'Agadir (2002)

[3] : Abdelaziz RAMZI, Thèse, Faculté des sciences d'Agadir (2006)

[4] : Abdelaziz LABRAG, Thèse, Faculté des sciences d'Agadir (2007)

[5] : Memoire Melle Ferial BENMAAMAR (Ph. Mangin «Supraconductivité: un condensât de physique», chapitre1, p. 1 Ecole des mines de Nancy, Séminaire IFR matériaux,(2003).)

[6] : Ruggiero, Steve T. et Davide A. Rudman, «Superconducting Devices», p.396, San Diego, Academic Press, (1990).

[7] : T. Reuss, «Thèse de Doctorat», Université Grenoble I-Joseph Fourier, (2000).

[8] : Stéphane Savard, «mémoire pour obtenir le grade de maître en Sciences», Université de Sherbrooke Québec, (2004).

[9] : Marten Sjostrom,, phd , Ecole Polytechnique Fédérale de Lausanne, (2001).

[10] : Peroz. Cristopher, «Thèse de Doctorat», Université de Grenoble I-Joseph Fourier, (2003).

[11] : Cécile Veauvy, «Thèse de Doctorat», Université de Grenoble I-Joseph Fourier, (2002).

[12] : T. Junquera, «Supraconductivité et cryogénie», Ecole Vide et Cryogénie Aussois, (2003).

[13] : A. David, N. Fabien, «La Supraconductivité», Département de Physique, Printemps des Sciences (2002).

[14] : A. Zimmers, «Thèse de Doctorat», Université Paris 6, (2004).

[15] : V. Garnier, «Thèse de Doctorat», Université de Caen / Basse Normandie, (2001).

[16] : E. C. Morelli «Supraconductivité HTc et Flux magnétiques», p.9, Notice de Travaux Pratique Avancés, École Polytechnique Fédérale de Lausanne, (1999).

[17] : N.Ed Akaaboune, «Thèse de Doctorat», Université de Paris XI Orsay, (2002).

[18] : Stenuit Geoffrey, «Mémoire de DEA en physique», Université catholique de Louvain, Belgique, (1999).

[19]: A.A.Abrikosov, Zh. Eksperim. i Teor. Fiz **32**, 1442 (1957).

[20] : N. Bontemps, C. Simon, «supraconducteurs haute température critique: vingt après », Image de la Physique, p.98, Ed CNRS, (2005).

[21] : Emmanuel Guilemeau, «Thèse de Doctorat», Université de Caen / Basse Normandie, (2003).

Références de chapitre II

Références

[1] : Stenuit Geoffrey, «Mémoire de DEA en physique», Université catholique de Louvain, Belgique, (1999).

[2] : H.Shaked, P.M.Keane, J.C.Rodrigueez, F.F.Owen, R.L.Hitterman, et J.D.Jorgenesen, «Crystal Structures of The High-Tc Superconducting Cooper-Oxides», Elseiver Science, (1994).

[3] : R. M. Hazen. «Crystal Structures of High-Temperature Superconductors»; In Donald M. Ginsberg, editor, Physical Properties of High-Temperature Superconductors II, pp. 121 198, Singapore, 1990.World Scientific.

[4] : Y. Gallais, «Thèse de Doctorat», Université Paris 6, (2003).

[5] : A. Mourachkine, «High-Temperature superconductivity in mechanism and Tunneling Measurments», p.36, Springer Ed, (2002).

[6] : A. Yamamoto, E. Takayama-Moromachi, F. Izumi. T. Ishigaki and H. Asano. Physica C $\underline{201}$, 137-44 (1992).

[7] : A. Yamamoto, M. Onoda, E. Takayama-Moromachi and F. Izumi. Phys. Rev B. $\underline{42}$, 428-39 (1990).

[8] : C.C. Torardi, J.B. Parise, M.A. Subramanian, J.Gopalakrishnan and A. W. Sleight, Physica C $\underline{157}$, 115 (1989).

[9] : J. Lake and J. bock. Euraphys, let. $\underline{3}$ 1225(1987)

[10] : N. P. Bansal J. Appl. Phys. $\underline{68}$, 1143-50 (1990)

[11] : P. Goodman S. Bulcock, P. Miller and Z. Prezelozny. Physica C $\underline{190}$, 277-84 (1992).

[12] : T. Komatsu, K. Imai, R. Sato, K. Matusita and T. Yamashita. Jap. J. of Appl. Phys. $\underline{27}$, L533-35. (1988).

[13] : F.H. Chen, H.S. Koo, T.Y. Tseng, R.S. Lin and P.T. Wu. Mat. Lett. $\underline{8}$, 228-32 (1989).

[14] : J. Hugberg A. Unsimaki, J. Levoska and S. Leppavuori. Physica C $\underline{60}$, 369-74 (1989).

[15] : M. Mansori, P.Satre, C. Breaudon, M. Roubin, A. Sebanoun, Ann. Chim. Fr. $\underline{18}$, 537-47 (1993).

[16] : A. Maqsood, S. Ali, M. Maqsood. I. Haq, M.Khaliq. J. Mat. Sci. $\underline{27}$, 2363-66 (1992)

[17] : P. Strobel, J.C. Tolédano. Morin, J.Schaneck G, vacquier, O. Monnereau, J. Primot et T. Fournier. Physica C $\underline{201}$, 27-42 (1992).

[18] : R. M. Hazen, L. W. Finger, and D. E. Morris. Appl. Phys. Lett. $\underline{54}$, 1057 (1989).

[19] : P.Bordet, C. Chaillout, J. Chenavas, J.L. Hodeau, M. Marezio, J. Karpinski, and E. Kaldis E. Nature $\underline{334}$, 596 (1988).

[20] : Ch. Krugir, H. Langrein, H Seheter, J. Mat. Sci $\underline{27}$, 3254-58 (1993).

[21] : F. J. Gotor, Podier, M. Gervais, J. Choisnet. Physica C, $\underline{218}$, 429-36 (1993)

[22] : S. Elhadigui. Thèse de l'université Strasbourg I (1988).

Références

[23] : R. S. Roth, K.L. Davis and J.R. Dennis, Adv. Ceram. Matter **2**, 38303-2 (1987).

[24]: Pilgrim S. M. et coll. (1987)

[25]: Newnham R. E. et coll. (1978)

[26] : Cheng P. (1980)

[27] : Breton L. S. (1989) ; Chevtchenko V. G. et coll. (1983)

[28] : Unsworth J. et coll. (1991) ; Chen T.M. et coll. (1991 et 1992)

Références du Chapitre III

[1] : Abdeljalil BENLHACHMI (Thèse de doctorat présentée à l'université de Toulon).

[2] : Brahim AIT SALAH (Thèse des Etudes Supérieures de 3ème cycle).

[3] : F. B. Azouz, A. M. Chergui, B.Yangui 1, C. Bouleistax, M. B. Salem, VIIème Journées Maghrébines de Sciences des Matériaux, Kenitra-Maroc-20-21 Sep (2000).

[4] : J.M. Haussonne, « *Céramiques pour composant électriques* », pp.4-5, Techniques de l'ingén ieur, Ed CNRS, France (1994).

[5] : M. Eudier, « *Fabrication des produits frittés* », Vol. M 864, pp.1-7, Techniques de l'ingénieur, Ed CNRS, France (1994).

[6] : G.Cizeron, Industrie céramique n°610 (1968).

[7] : D. E. Prober, M. R. Beasly, R. E. Schwall, *Phys. Rev.* **B15** (1977) 5245.

[8] : J.Benard, A.Michel, J.Philibert et J.Tablot, « *Métallurgie générale* », pp.537-539, Ed-Masson et Cie, France (1969).

[9] : Strobel P. et coll. (1992)

[10] : Kajitani T. et coll. (1988) ; Takayama-Muromachi E. et coll. (1988)

[11] : Mohamed MAHTALI (thèse De DOCTORAT D'ETAT En Physique)

[12] : Unsworth J. et coll. (1991) ; Chen T. M. et coll. (1991 et 1992) ; Alfred-Duplan C. et coll. (1994) ; Benlhachemi A. et coll. (1993)

Références du Chapitre IV

[1] : Powder Diffraction File, JCPDS-ICDD, Swarthmore, P.A., U.S.A., (1994).

[2] : J.C. Valmalette, Thèse de l'université de Toulon et du Var (1995).

[3] : H. Kitaguchi, J.Takada, K. Oda, Osaka, Y.Miura, Y. Tomii, H. Mazaki et M. Takano, Physica C, **157**, 267-271 (1989).

[4] : J-Unsworth, J. Du, B.J. Crosky, P. Bryant. M at Res. Bull. **26**, 1041-50 (1991)

Références de chapitre V

[1] : Abdeljalil BENLHACHEMI, (Thèse de Doctorat Obtenue à l'Université de Toulon)

[2] : Brahim AIT SALAH, (Thèse des études Supérieures de 3ème cycle)

www.ingramcontent.com/pod-product-compliance
Lightning Source LLC
Chambersburg PA
CBHW021120210326
41598CB00017B/1525